核电厂土建施工
典型事件及经验反馈

生态环境部核与辐射安全中心　编著

中国原子能出版社

图书在版编目（CIP）数据

核电厂土建施工典型事件及经验反馈 / 生态环境部核与辐射安全中心编著 . -- 北京 : 中国原子能出版社 , 2025. 3. -- ISBN 978-7-5221-4040-7 Ⅰ . TM623

中国国家版本馆 CIP 数据核字第 2025YS3259 号

核电厂土建施工典型事件及经验反馈

出版发行	中国原子能出版社（北京市海淀区阜成路 43 号 100048）
责任编辑	徐明
责任印制	赵明
装帧设计	北京华联印刷有限公司
责任校对	刘铭
印　　刷	北京厚诚则铭印刷科技有限公司
经　　销	全国新华书店
开　　本	889 mm × 1194 mm 1/16
印　　张	7.75
字　　数	65 千字
版　　次	2025 年 3 月第 1 版 2025 年 3 月第 1 次印刷
书　　号	978-7-5221-4040-7 定 价 68.00 元

发行电话：010-68452845

本书编委会

主　　编： 孙　锋　严天文

编写人员： 孙　锋　严天文　柴国早　潘　蓉　王　璐
周国良　杨　宇　任国鹏　朱秀云　郑丽馨
王　恒　李　亮　杨智博　王春灿

前言

中国核电正步入规模化发展阶段，截至2024年底，在建核电机组29台，在建机组数量连续18年位居全球第一。国务院常务会议上强调，安全是核电发展的生命线，要不断提升核电安全技术水平和风险防范能力，加强全链条全领域安全监管，确保核电安全万无一失。建造质量是核电机组安全运行的基石，建设期的质量控制等同于运行期的核安全，做好核电厂建造期间经验反馈至关重要。

安全相关构筑物是核电厂安全运行的重要组成部分，为核电厂的系统、设备、部件提供支撑和保护。核电厂土建施工具有工程量大、施工周期长、过程控制环节多、技术复杂性强等特点，任一环节失控均会对构筑物质量产生全面影响。随着我国核电规模化发展进程加快，国内多个在建核电基地中均暴露出各种异常和缺陷，“确保核电建设规模化高峰期建造质量”正在成为我国核电行业面临的重大课题。本书主要内容包括核电安全监管及建造技术发展、建造事件及经验反馈制度、土建施工典型事件及经验反馈案例、80年设计寿期构筑物评价要点和方法、核电厂构筑物建造质量监管现状及监管建议等内容。

全书由生态环境部核与辐射安全中心 孙锋、严天文主编。其中，第1章 孙锋、严天文编写；第2章 孙锋、郑丽馨编写；第3章 任国鹏、朱秀云、杨宇编写；第4章 孙锋、潘蓉编写；第5章 周国良、王恒编写。本书可供从事核电厂构筑物设计、施工、检测的技术人员参考。由于成书时间仓促，难免有不妥和疏漏之处，敬请读者批评指正。

目 录

1 核电安全监管及建造技术发展

1.1 “双碳”时代背景及核能发展的必然性

2020 年 9 月，习近平总书记在第七十五届联合国大会上郑重承诺，中国将力争 2030 年前实现碳达峰，2060 年前实现碳中和。这彰显了我国构建人类命运共同体的大国责任与担当，也为未来我国能源转型指明了方向。以化石燃料燃烧为主的火力发电是我国碳排放的重要来源，因此大力发展非化石能源、减少化石燃料燃烧将是我国碳减排的重要内容，也是实现碳中和的关键。研究普遍认为，我国到 2060 年非化石能源发电占比将提高到 80%~93%。核电发电量将从当前的 5% 增长至 10%~18%。虽然风能和太阳能是重要的可再生能源，但风能和太阳能因受气候影响而不稳定。核能发电则可作为稳定的基荷能源，提供稳定的零碳能源，是中国能源清洁低碳转型的必然选择。

2021 年以来，中央多次提及要“积极安全有序发展核电”。2021 年 10 月，国务院印发了《2030 年前碳达峰行动方案》。在重点实施“能源绿色低碳转型”行动中，第四条提到要“积极安全有序发展核电”，并且指出要在“核电厂布局和开发时序”“核能综合利用示范”“核电标准化、自主化”和“核安全监管”四个领域重点关注与发展。2022 年 1 月，习近平总书记在中共中央政治局第三十六次集体学习时强调：深入分析推进碳达峰、碳中和工作面临的形势任务，扎扎实实把党中央决策部署落到实处，并再次指出要“积极安全有序发展核电”。2022 年 10 月，党的二十大报告再次宣示积极发展核电的决心。

1.2 我国核电发展及核安全监管现状

我国核电装机容量不断提升。根据《“十四五”规划和 2035 年远景目标纲要》，至 2025 年，我国核电运行装机容量达到 7 000 万 kW，在建 3 000 万 kW，到 2035 年，在运和在建核电装机容量合计将达到 2 亿 kW；核电建设有望按照每年 6 至 8 台机组稳步推进。截至 2023 年年底，我国在建核电机组 26 台，总装机容量 3 030 万 kW，继续保持全球第一；商运核电机组 55 台，额定总装机容量 5 703 万 kW，位列全球第三。2023 年核电发电量约占全国总发电量的 4.86%，核能发电量位居全球第二。世界平均核电发电量占比均为 10%，而法国和美国的核电占比分别为 70.6% 和 19.7%。从核电占比看，与世界核强国相比，我国核电还有很大发展空间。

当前我国在建、在运合计装机规模约 8 300 万 kW，到 2035 年装机缺口约达 1.2 万 kW，初步估算各集团现有厂址可进一步建设约 8 000 万 kW，预计缺口约 4 000 万 kW，折合成机组台数约 35 台，需新增核电厂址 6 个（按照每个厂址 6 台机组计算）。现阶段，我国 17 个核电基地均为滨海厂址（见图 1-1），各电力集团在沿海地区已开展多轮选址工作，沿海核电厂址开发日趋饱和，各核电央企间竞争日益激烈，沿海核电选址及开发越发困难，发展内陆核电大势所趋。

近些年，我国自主研发的“华龙一号”机组陆续投运，标志着我国实现了由二代向自主三代核电技术的全面跨越。我国三代核电技术装备国产化率超过 85%，在国际市场上具备相当的竞争力。

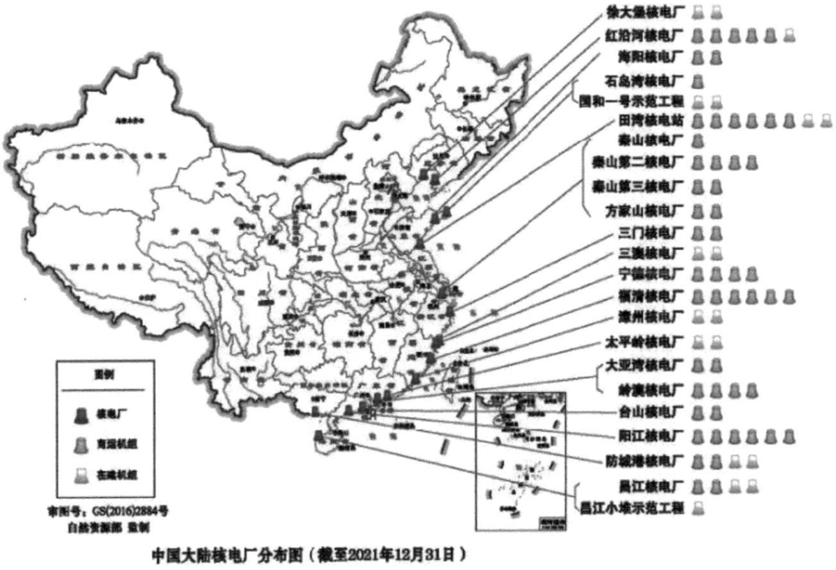

图 1–1　我国核电基地分布

党中央、国务院一直高度重视核安全与放射性污染防治工作。按照“安全第一、质量第一”的方针，我国初步建立了核安全与放射性污染防治监管体制，对民用核设施实施了许可证管理制度。参照国际原子能机构的安全标准体系，我国逐步制定了核安全与放射性污染防治的法规标准体系（见图 1-2），并在实施过程中不断进行完善。

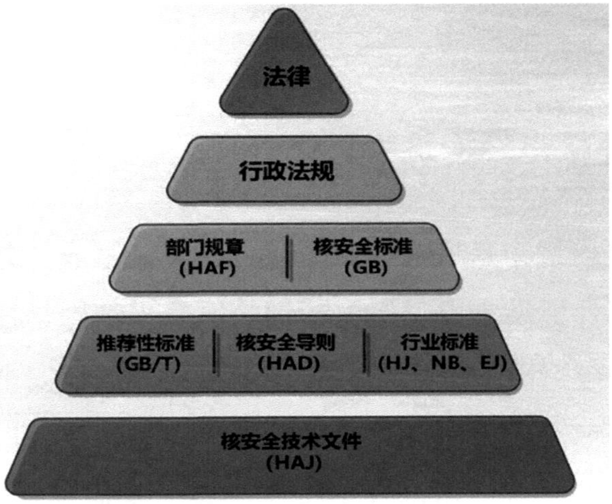

图 1–2　我国核安全法规标准体系

在“安全第一、质量第一”方针的引领下，核安全管理理念得到重视，核安全文化培育得到推进。我国民用核设施基本实现安全可靠运行，放射源与放射性废物基本得到有效控制，从而保证了公众健康和环境安全。我国核与辐射安全监管体系经过多年发展已基本形成：生态环境部（国家核安全局）负责核安全的监督管理，对我国民用领域的核安全实施统一监管；华北、华东、华南、西北、西南、东北六个核与辐射安全地区监督站作为监督主力，核与辐射安全中心提供技术支持。许可证制度体系是确保我国核安全监管工作有序推进的手段和措施。核安全许可制度的实施对我国核能事业健康发展起到了重要保障作用。我国核能发展保持了良好的安全记录，在运核电厂安全可靠，安全指标受控，多年来从未发生 INES 二级及以上运行事件。

通过对选址、设计、制造、建设、安装和调试等全链条实施质量控制和有效管理，质量事件得到妥善处理，有效保证了在建机组质量。为进一步加强核电安全管理，国家发改委、国家能源局、环境保护部、国防科工局将 2017 年定为“核电安全管理提升年”，并联合开展了为期一年的核电安全专项行动，对我国核电安全管理情况进行了一次全面检查评价，实现了行业大动员、大协作、大交流，全行业安全管理水平得到了进一步提升。

1.3 国内外核电厂构筑物老化管理现状

核安全有关构筑物是核电厂安全运行的重要组成部分，为核电厂中的系统、设备、部件提供支撑和保护。钢筋混凝土结构是核电厂使用最为广泛的结构形式，建造阶段的质量关系着运行期间的核安全。我国核电厂均地处沿海地区，滨海地区的海洋侵蚀性环境会导致核电厂构筑物钢筋混凝土过早地发生氯盐侵蚀、硫酸盐侵蚀等现象，进而导致混凝土开裂剥落、钢筋锈蚀锈胀等老化问题，给构筑物的耐久性（支承能力和包容能力）带来了严重的威胁，甚至将威胁核电厂的安全运行。核电厂最典型的构筑物为安全壳，安全壳是核电厂的第三道安全屏障，具有事故工况下阻挡裂变产物及一回路放射性物质进入环境的安全功能，是核电厂最重要的安全物项之一。构筑物属于“长寿期、非能动”物项，美国核电厂的“寿期”已延至 80 年，构筑物属于“长寿命”、不可更换物项，意味着核电厂从建造开始，其构筑物将可能持续使用 80 年。因此构筑物的建造质量至关重要。

基于长期的电厂老化、延寿研究工作，不少国家已建立了完善的核电厂寿命管理体系。国际原子能机构（IAEA）自 20 世纪 80 年代开始在核电厂老化及寿命管理方面进行了长期有效的工作，形成了系统全面的老化管理法规、导则和技术文件，但指导性强、可操作性弱；IAEA 对核电厂老化和寿命管理的监管要求按定期安全评审（PSR）的模式进行，老化管理是 PSR 的内容之一。美国是核能和核技术利用强国，美国核电厂的长期运行主要依靠完善的寿命管理，以继续确保电厂运行的安全性和成本效率。美国核管理委员会（NCR）于 2001 年 7 月发布了 NUREG-1801《核电厂老化的通用经验》（即 GALL 报告），它汇编了约 500 份电厂老化研究资料。美国对老化问题的处理集中体现在核电厂执照更新程序中，截止到 2018 年初，NRC 共批准了 89 个机组的首次许可证更新申请。美国核电行业标准、协会技术文件等是核电厂业主老化管理和许可证更新的基础文件。法国共有 58 个压水堆核电厂正在运行，其中大部分核电厂都会在 2019 年到 2032 年之间达到 40 年的运行许可期限。法国电力集团（EDF）根据国家的法规和具体的要求，每 10 年对所属核电厂进行安全评审。对于电厂的寿命管理，关键的因素就是安全和经济问题，只要这两方面都满足要求，核电厂就可以继续运行下去。

核电厂安全壳作为核电厂反应堆最后一道安全屏障，与反应堆压力容器一样是不可更换的。由于安全壳不可更换，其服役寿命直接决定了核电厂的服役寿命，因此科学、合理的安全壳寿命管理，是实现核电厂寿期内服役性能和延寿的必备条件之一。从表 1-1 可知，安全壳的老化失效现象一方面严重影响着安全壳压力边界的完整性，危害电厂的可靠安全运行；另一方面，安全壳包括混凝土结构、预应力系统、钢衬里、贯穿件等，各部件老化机理非常复杂，检测与维修非常困难，很多维修要求机组必须停堆，给电厂带来很大的经济损失，而且维修前后还要充分进行论证其结构可靠性和安全性，并需要做大量工作消除公众对自身健康安全的担忧。

表 1–1　国内外运行阶段核电厂安全壳严重失效事件

电厂	老化现象	原因分析	后果
美国 Crystal River 核电厂 3 号机组	2009 年大修时，发现安全壳设备舱门周围的混凝土内部出现分层	1. 预应力设计不合理； 2. 多孔疏松软骨料	2013 年 2 月，Duke Energy 宣布该电厂永久性关闭
美国 Davis–Besse 核电厂	2011 年大修时发现安全壳混凝土结构出现 30 ft 的裂纹	1. 冻融作用； 2. 混凝土表面防护不佳	由于原因分析和维修困难，导致大修延期
美国 Farely 2	安全壳竣工 8 年后发现 3 根竖向预应力钢束锚头锈蚀，18 根钢绞线因氢脆作用而断裂	腐蚀、氢脆	电厂替换 2 根预应力钢束，并复检所有相同的钢束锚头
多台法国 900 MW 机组	安全壳衬里与上部混凝土筏基相邻处发生锈蚀（20 世纪 90 年代初）	伸缩缝填充料在高湿度环境中分解	清理并用混凝土铺筑，喷砂衬里并检查，大量焊接材料缺失，进行刷涂处理，并设计新填充材料
美国 North Anna Unit 2	钢衬里腐蚀穿孔（1999—2009 年）	腐蚀	更换腐蚀穿孔位置的钢板，并进行整体泄漏率试验验证维修效果
美国 Beaver Valley Unit 1			更换腐蚀穿孔位置的钢板
美国 D.C. Cook Unit 2			更换腐蚀穿孔位置的钢板，并进行局部泄漏率试验验证维修效果

我国构筑物老化管理体系初步建立。我国的秦山核电厂 300 MW 机组于 1991 年投入运行，设计寿期为 30 年，目前已完成运行许可证延续。大亚湾核电厂 1994 年投入运行，运行时间已超过设计寿期的一半。老化管

理主要体现在维修、检查、监测、监督、设备合格鉴定和定期安全审查活动中。国内核电厂老化管理的监管活动主要是围绕定期安全审查开展的，秦山和大亚湾定期安全审查的实施标志着我国核电厂已经开展了老化和寿命管理活动，并取得了实质性进展。我国已经形成一套核安全法规（HAF）和导则（HAD）体系。

基于广泛的国际实践，目前我国一些核电厂营运单位开始考虑《核电厂运行许可证》有效期限的延续（延寿）问题。秦山核电厂已经建立一套相对完整的老化管理体系，制定了老化管理规划：完成了《秦山核电厂老化管理大纲》的编制，大纲采用了 IAEA 推荐的系统化老化管理模型；完成了《构筑物老化管理报告》，提出了安全壳老化管理和寿命评价方法，对钢衬里的防腐及根部的处理，完成了《混凝土安全壳预应力 TLAA》；等等。2017 年年初，国家核安全局（NNSA）开展了秦山核电厂运行许可证延续的核安全审评和监管工作，审评、监督主要依据《中华人民共和国核安全法》和国核安发〔2015〕280 号文件，同时参考美国核管会的《核电厂许可证更新申请的标准审评大纲》(NUREG-1800）和《通用老化经验报告》(NUREG-1801）等文件。要求营运单位在评估范围内，应列出属于老化管理审查范围的构筑物和部件的清单，描述老化审查所使用的方法，并且证明老化效应得到了合理控制，在申请的许可证延续期内构筑物、系统和部件能够执行预定的功能。

与国外相比，我国核电厂混凝土老化和寿命管理方面做的工作还远远不够，存在老化管理相关的法规标准体系不完善、缺乏统一的老化管理资源数据库、安全壳等构筑物老化管理关键技术不足、构筑物耐久性设计水平有待提高等问题。

1.4 先进建造技术研究（结构模块化）

核电厂投资规模大、建设周期长，其建造工期的长短对核电投资的经济性有很大的影响。优化建造工期，提升其经济性，对于增加国内电站在国际市场的竞争力有着重要意义。

核电厂土建结构模块化建造是一种采用工厂预制子模块的设计施工形式。模块化建造的特点是可以大大缩短施工时间、加快进度、降低工程成本。AP1000 核电技术土建施工主要采用了模块化建造技术；“华龙一号”也逐步在采用模块化设计建造技术，通过工业化工厂制作的方式降低现场施工难度，进而缩短建造工期且提高建造质量，实现保证质量安全的同时提高经济性的目标。可以说，模块化建造技术已广泛应用于核电厂土建建造过程，且具有广泛的应用前景。

采用钢板混凝土结构模块技术的可行性分析。日本、韩国核电建造普遍采用开顶法、模块化、钢板混凝土 (SC 结构)、平行施工等先进建造技术和理念，其百万千瓦级压水堆最短的实际建造工期在 50 个月左右，最长建造工期不超过 48 个月，对中国具有很大借鉴意义。

1.4.1 AP1000 结构模块化技术

美国 AP1000 堆型核电厂核电建造过程中广泛采用了模块化建造方法，工厂化预制、模块化施工是其建造技术的主要特色。AP1000 设计过程中主要包括结构模块和机械模块两大类。结构模块包括 CA、CB 和 CH 模块等类型 , 其中 CA 模块为主要结构模块，反应堆厂房内部结构主体墙板广泛采用了 CA 模块 , 如图 3b 所示。此外，屏蔽厂房筒体外露部分也采用了钢板混凝土结构，简称为 ESB 模块 (enhanced shield building，ESB)，其分布位置如图 1-3 所示。

模块化结构的广泛应用使 AP1000 项目现场的土建工作量大量减少，减少了钢筋绑扎、模板支护、拆模等传统钢筋混凝土结构主要工序的工作量和工期，同时结构模块的工厂预制也有利于更好地控制施工质量。但是，由于 AP1000 堆型在中国的两个项目三门和海阳电站是首堆示范工程，受制于设计成熟度不高等问题 , 现场出现了大量修改，AP1000 的建造工期并未达到理想状态。

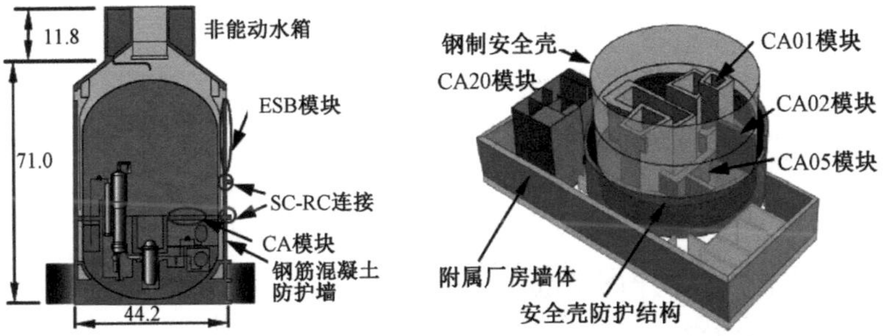

（a）　　　　（b）

图 1–3　钢板混凝土结构模块在 AP1000 核电堆型上的应用

（a）安全壳中钢板组合墙的位置，m；（b）核岛内部和附属厂房的 CA 模块。

1.4.2 日本核电领域模块化结构应用

日本建筑行业早在 20 世纪六七十年代就开始了结构模块化建造技术的研究工作，目前已形成完整的从标准到设计，再到施工的技术体系和产业链。在核电建设领域，1994 年竣工的女川核电采用了大量的预制结构构件安装，包括预制钢筋模块、预制钢结构模块、预制压型钢板楼板等，而早在 20 世纪 80 年代建造的泊核能电厂，就在蒸发器隔间墙体上采用了钢板混凝土结构模块技术见（见图 1-4），不但缩短了工期，减少了现场工作量，同时还提高了质量和安全性。

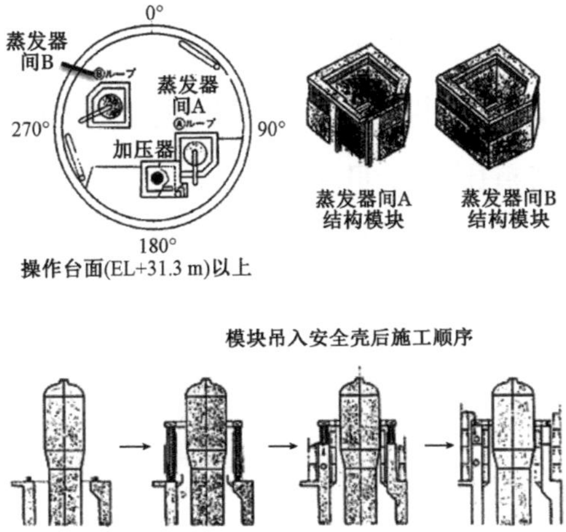

图 1–4　日本泊核能电厂蒸发器隔间墙体模块化示例

1.4.3 韩国 APR1400 堆型采用的先进建造方法

韩国 APR1400 核电堆型采用了大量的模块化结构建造方法和思路。土建工程采用钢结构 - 钢筋混凝土结构的组合结构，如图 1-5 所示。钢结构框架可先行施工，为钢筋混凝土施工提供支撑框架，并结合钢筋网片技术和压型钢板组合楼板技术，如图 1-5 所示。土建施工速度大大提升，同时也为安装工作的平行开展或提前施工创造了有利条件。

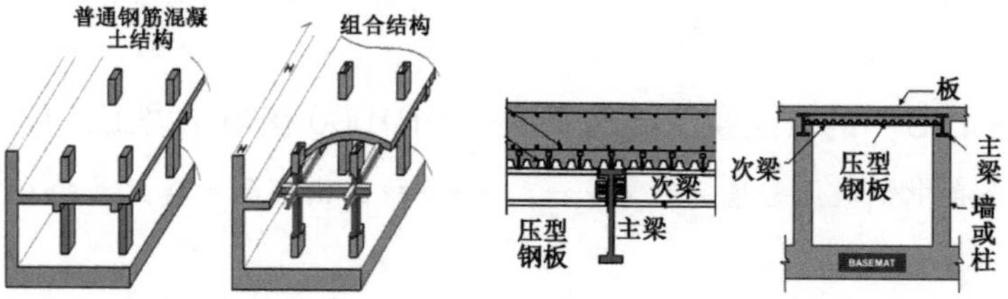

（a）　　　　　　　　（b）

图 1–5　APR1400 组合结构方案示意

（a）钢结构 – 钢筋混凝土结构的组合结构比较；（b）压型钢板结构方案。

通过对日本、韩国、美国等国先进核电建造技术的调研可见，缩短建造周期、提升经济性，是国际上主流核电技术的共同目标。而模块化建造技术的应用是实现这一目标最普遍也是最有效的手段之一。

1.4.4 某核电厂核岛厂房蒸发器隔间墙采用钢板混凝土结构模块技术

某核电厂 2 号机组反应堆厂房内部结构的 3 个蒸发器隔间在 17.5 m 以上实施先进建造技术，结构形式由原钢筋混凝土（RC）结构改进为钢板混凝土（SC）结构。蒸汽发生器（SG）隔间模块，位于反应堆厂房（BRX）的 +17.5~+32.2 m 标高范围内（见图 1-6）。

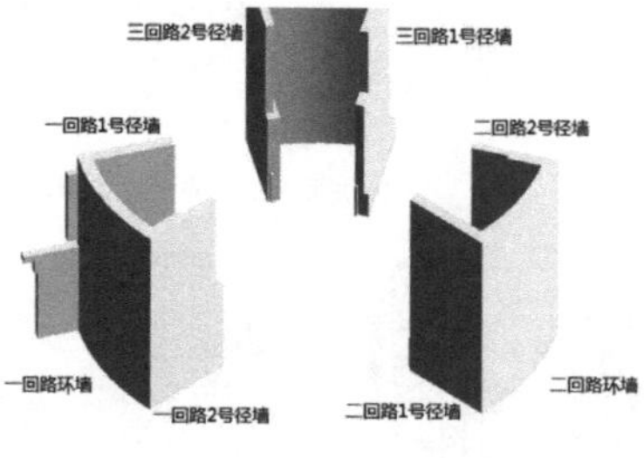

（a）

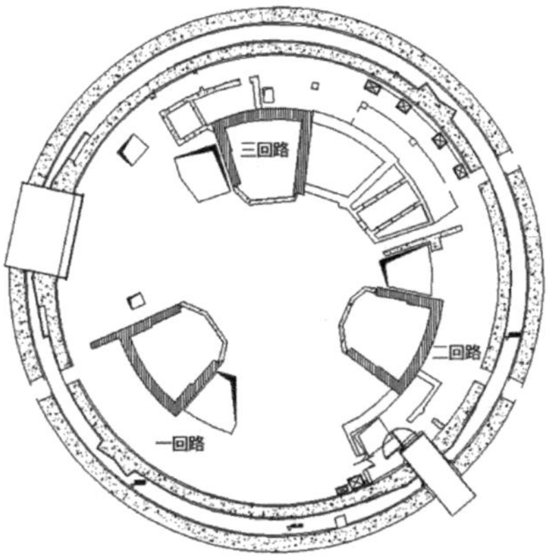

（b）

图 1–6　反应堆厂房实施 SC 结构范围

（a）径墙和环墙；（b）剖面图。

蒸发器隔间 SC 钢板混凝土结构初步方案拟采用与 AP1000 的 CA 结构模块类似的结构形式，如图 1-7 所示。采用对拉型钢的 SC 结构，每个 SG 隔间钢结构模块重约 110 t。

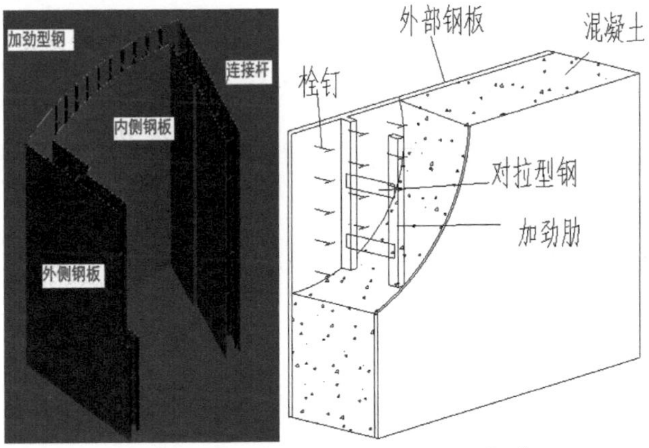

（a）　　　　　　　　（b）

图 1–7　蒸发器隔间墙 SC 结构模块构造形式

（a）隔间结构；（b）墙体截面构造。

结构模块的构件设计初选方案与原钢筋混凝土结构（RC 结构）的配筋尽量等效，同时考虑材料的可焊性。结构模块材料采用 Q345，两侧为 20 mm 钢板，中间采用空腹钢桁架连接，同时钢板上焊接有栓钉，用于与混凝土的连接，起到传递钢板 - 混凝土界面剪力的作用。

内部空腹钢桁架由竖向角钢 L125 × 80 × 12 和水平槽钢 [16 构成，起到连接两侧钢板的作用。在施工时槽钢起到固定侧面钢板的作用，并在混凝土浇筑完成后参与结构受力。结构模块安装就位后，在其中现浇混凝土，结构可靠性由钢板和混凝土的共同作用来保障，参与构件受力。

（1）根据新的内部结构厂房整体有限元模型中蒸发器隔间 SC 结构墙体单元内力，按照国标《核电站钢板混凝土结构技术标准》（GB/T 51340—2018）的公式及规定进行承载力计算分析，满足其规范要求，保证了 SC 结构自身结构安全；按照与连接的钢筋混凝土结构等强连接，进行了墙体连接节点的设计，并对受力较大、较复杂端部及转角部位进行局部加强连接构造，保证传力可靠。

（2）根据新的核岛厂房整体有限元模型重新计算了内部结构楼层反应谱并与设计谱进行了对比。

（3）根据新的内部结构厂房整体有限元模型中与蒸发器隔间相邻结构的单元内力重新进行了配筋计算并评估。

（4）结果表明，SC 结构满足结构安全要求，新的楼层反应谱可以被现有的设计谱包络，对相邻结构影响也均在原设计包络范围内，未降低结构安全标准。

2 建造事件及经验反馈制度

2.1 建造事件的管理

2.1.1 核安全监管的特点

《中华人民共和国核安全法》第五条规定，“核设施营运单位对核安全负全面责任”。为了进一步强化营运单位对核安全的重视，保障营运单位对核安全责任的落实，国家设立了独立于核能发展部门的核安全监督管理部门——国家核安全局，负责核安全的监督管理。

国家核安全局在核设施选址、设计、建造、运行和退役等各阶段对核设施实施独立的核安全监管，包括技术审评、行政许可、监督检查等。国家核安全局在全国设立了六个地区核与辐射安全监督站，向现场派驻监督人员，对核电厂的活动进行 24 小时现场监督。

我国的核安全监管采用了与国际实践一致的方法，主要有如下特点：

一是以国际原子能机构发布的安全标准为基础，建立了系统、完善的核安全法规标准，并保持与国际先进安全标准同步。

二是国家核安全局对核电厂实行分阶段的行政许可制度。对选址、建造、运行和退役等各阶段，核电厂只有在得到相关许可后，才能开展下一阶段工作。

三是开展严格的核安全技术审查。核电厂安全重要构筑物、系统和设备的设计必须经过国家核安全局的技术审评及独立计算校核。只有确认满足相关法规标准要求后，国家核安全局才颁发相应行政许可文件。

四是国家核安全局对核电厂的设计、建造、制造、调试、运行直至退役等活动进行全过程的监督。

2.1.2 建造阶段的管理

在核电厂建造前，核电厂营运单位应当向国家核安全局提出建造申请，并提交建造申请书、初步安全分析报告、环境影响评价文件、质量保证文件、其他法律行政法规规定的材料。国家核安全局对核电厂安全重要构筑物、系统和设备等设计进行审评，确认核电厂的设计符合核安全和环境保护要求。

国家核安全局根据技术审评意见以及国务院项目核准意见，颁发建造许可证，许可证的有效期不超过十年。

核电厂营运单位取得建造许可证后，方可开始与安全有关的重要构筑物的建造（安装）或者基础混凝土的浇筑。

核电厂建造期间，国家核安全局现场监督人员对土建施工、系统与设备安装、冷态和热态调试、装料前准备等活动进行全过程监督，并对核电厂出现的各类安全质量问题进行技术审评，提出监管要求。通过建造阶段的严格审评和监督，确保核电厂的工程建造质量。

我国对于核电厂的核安全监管是制度严密、程序严格的行政管理工作。多年来的实践表明，我国核安全监管是有效的，核电厂的核安全得到了保障。国家核安全局对于核电厂建造事件的管理，已形成一套系统、完整的体系。

1. 法规要求

在法规要求方面，根据《中华人民共和国民用核设施安全监督管理条例实施细则之二——核设施的安全监督》第二十三条的规定，国家核安全局于 1995 年制定了《核电厂营运单位报告制度》。2018 年 1 月 1 日起《中华人民共和国核安全法》（简称《核安全法》）正式施行。其中规定国家建立核设施营运单位核安全报告制度，完善了核电厂营运单位上报建造事件的上位法依据。为了更有效地执行核电厂建造阶段事件的报告，2012 年至 2020 年，国家核安全局组织修订并形成了《核电厂营运单位核安全报告规定》和《核电厂营运单位核安全报告指南》（见附件），对建造事件的报告准则、格式内容进行了全面修订。

2. 事件处理

在处理行动方面，掌握以下主要原则：一是在事件发生后及时启动审评监督机制，安排专业技术人员及时赶赴现场调查，掌握第一手材料和初步原因，控制事件发展态势；二是严格审评，深挖事件的根本原因，严格把关处理，谨慎提出妥当的处理意见；三是组织召开行业资深专家讨论会，为排除隐患、保守决策、保障安全提供技术见解；四是及时向相关单位通报事件进展，推动开展相关排查，举一反三，排除隐患和杜绝类似问题重发。

3. 管理手段

在管理手段方面，国家核安全局持续推进在建核电厂建造事件的管理信息系统建设，建造事件数据库作为国家核安全局经验反馈平台的一个内置模块已于 2017 年正式运行，为后续在建核电厂经验反馈体系的进一步完善奠定基础。各类用户可根据权限通过互联网登录和访问（https://ef.nnsa.mee.gov.cn）。

4. 经验反馈

在经验反馈方面，国家核安全局定期发布在建核电厂建造质量问题的通报，并以此为抓手，进一步加强我国在建核电厂的核安全监管，做好经验反馈工作，预防类似事件重复发生。此外，国家核安全局还定期召开全国核电厂经验反馈交流会议，进一步促进业内从认识、行动和落实等方面重视经验反馈体系建设。

2.2 核电厂建造阶段事件报告制度

1995 年 6 月 14 日国家核安全局批准发布了《中华人民共和国民用核

设施安全监督管理条例实施细则之二附件一——核电厂营运单位报告制度》(HAF001/02/01-1995)，其中规定了核电厂建造阶段应向国家核安全局报告的事件的内容、形式和要求。

《核电厂营运单位报告制度》(HAF001/02/01-1995)实施 20 多年以来，基本能够满足监管当局及时了解电厂情况、重要情况及重要活动的需要，也基本能够保证核电厂经验反馈工作的开展，为核电厂有效的安全监管发挥了重要作用。通过多年的实践，核安全监管部门与营运单位均发现，建造阶段事件报告制度执行过程中存在着诸多不足，主要包括以下三方面：

一是建造事件报告尺度不好把握：由于建造事件报告准则描述比较简略，各营运单位对准则的理解存在差异，实际工作中对建造事件上报尺度的把握不一致，不利于核电厂监管尺度的统一。

二是各准则使用情况差异大：由于一些准则条款内容重复，导致有的建造事件符合多个准则，同时还存在个别准则使用率低的问题，不利于事件细化分类统计和经验反馈。

三是个别准则过于宽泛：由于个别准则限定性不强，非安全重要物项也被纳入建造事件报告的范围，不利于建造事件的后续处理。

为了更有效地执行核电厂建造阶段事件的报告，国家核安全局早期计划通过编制《核电厂建造阶段事件报告指南》的形式对准则予以细化解释，而后改为修订《核电厂营运单位报告制度》中的报告准则，最终确定为整体修订《建造阶段事件报告》的格式与内容。

核电厂建造阶段事件报告制度的修订：

1. 编制《核电厂建造阶段事件报告指南》

2012 年 3 月，国家核安全局启动了《核电厂建造阶段事件报告指南》编写工作。通过广泛参考了美国 NRC、能源部有关核设施缺陷和不符合项的报告程序、各核电厂不符合项分类原则、安全生产事故分级原则以及环保部信息公开等文件，经过深入研究，确定对建造事件报告准则进行逐条细化解释，并根据近年来核电厂建造事件和重大不符合项的报告和处理情况进行举例说明。

2012 年 4 月，编制完成了《核电厂建造阶段事件报告指南》(初稿)，并于 4 月和 7 月组织召开了两次编制工作会议。2012 年 9 月，组织相关营运单位、各地区核与辐射安全监督站和技术支持单位召开了专家审查会。

2014 年，华东核与辐射安全监督站在辖区核电厂实施了《核电厂建造阶段事件报告细则（试行）》，为进一步完善《核电厂建造阶段事件报告指南（初稿）》积累了经验。

2016 年 8 月，国家核安全局组织华东核与辐射安全监督站及技术支持单位对报告细则实施情况和近期调研成果进行了研讨。9—12 月，修改完善了《核电厂建造阶段事件报告指南（初稿）》，进一步聚焦建造事件范围，根据实际修改了准则解释，对事件举例进行了推敲和修改，形成了《核电厂建造阶段事件报告指南（征求意见稿）》。

2017 年 1 月，就《核电厂建造阶段事件报告指南（征求意见稿）》征求了各地区核与辐射安全监督站、各核电工程公司和相关营运单位的意见。

2. 修订建造阶段事件报告准则

在上述工作的基础上，2017 年 11 月，国家核安全局启动了对《核电厂营运单位报告制度》(HAF001/02/01-1995）中建造事件报告准则的修订工作。

2017 年 12 月，组织召开了修订工作第一次会议，确定建造事件报告范围为安全重要构筑物、系统和部件以及与之有关的土建、安装、调试等活动，确定了修订建造事件报告准则的原则。

2018 年 1 月，编制完成了《核电厂建造阶段事件报告准则（初稿）》并召开了修订工作第二次会议，初步讨论了各报告准则的内容，归纳总结了近年核电厂发生建造事件与编制的报告准则之间对应关系，补充了报告准则中建造事件的事例。

2018 年 2 月至 4 月，组织修订工作组召开多次内部会议，就建造事件报告准则内容进行详细讨论并补充完善，推敲各建造事件事例的准确性，最终形成了《核电厂建造阶段事件报告准则（征求意见稿）》。

2018年5月，就《核电厂建造阶段事件报告准则（征求意见稿）》征求了各地区核与辐射安全监督站、各核电工程公司和相关营运单位的意见。

2018年6月，组织召开了《核电厂建造阶段事件报告准则（送审稿）》讨论会，会议就征求反馈意见情况进行了说明，对准则中争议内容进行了集中讨论，并对部分内容进行了修改。

3. 修订建造阶段事件报告的格式与内容

2019年2月，国家核安全局对《核电厂营运单位报告制度》（HAF001/02/01-1995）进行整体修订。在继承前序工作的基础上，对建造事件报告的格式与内容进行修订，最终形成《核动力厂营运单位核安全报告规定》和《核动力厂营运单位核安全报告指南》。《核动力厂营运单位核安全报告规定》作为法规规定具有法律强制效力，提出建造阶段事件报告的报告准则、报告形式和报告时间等要求；《核动力厂营运单位核安全报告指南》作为技术指导性文件，详细说明报告准则、报告格式与内容（具体内容见附件）。

2.3 核电厂建造经验反馈

2.3.1 国家核安全局的建造经验反馈

核电厂建造经验反馈工作是保证核电厂建造安全的一个重要手段。我国目前在建的核电机组数量不断增加，不同堆型、不同机组之间存在设计、建造方面的差异，因此现行的监管方法较难统一成具有较强操作性的标准进行监管，急需高效的信息化管理手段，以提高监管能力和监管效率。为了规范我国在建核电厂经验反馈工作的管理，指导、监督并促进经验反馈活动的有效开展，增加核电厂建造经验和信息的交流、共享和应用，我国的核安全监管部门也开展了在建核电厂经验反馈应用的研究工作以提高核电安全监管的技术能力。在建造核电厂经验反馈方面做了大量的工作，逐步形成了国家核安全监管部门的核电厂建造经验反馈系统。

1. 建立完善的经验反馈文件体系

国家核安全监管部门首先加强了在建核电厂相关管理文件，特别是事件（包括不符合项）报告及调查处理文件的完善工作，建立完善的经验反馈文件体系。

（1）编制发布《新建核电厂安全要求》。为落实《核安全与放射性污染防治“十二五”规划及2020年远景目标》（以下称核安全规划）和《核电安全规划（2011—2020）》对新建核电项目的安全要求，国家核安全局制定了《“十二五”新建核电厂安全要求》（以下简称《安全要求》），为我国新建核电厂选址、设计、建造以及相应的审评、监督等核安全有关活动提供指导。

（2）制修订《核动力营运单位核安全报告规定》。进一步加强我国核电厂建造事件报告的管理，提高核电厂事件管理的科学性和有效性，为在建核电厂经验反馈提供保障，国家核安全局组织制定了《核动力营运单位核安全报告规定》和《核动力营运单位核安全报告指南》，进一步细化核电厂建造期间事件报告准则和格式内容要求。

（3）编制发布《核电厂与研究堆事件 / 事故调查和处理程序》。近年来，随着国家核安全局监督管理活动的不断深入，为进一步加强核电厂建造活动的监督管理工作，最大限度地掌控建造事件状况，查找事件原因，并在可能的情况下合理分工、优化资源配置，加快处理进程，国家核安全局组织制定了《核电厂与研究堆事件 / 事故调查和处理程序》。

（4）编制发布《核电厂建造期间不符合项分类及处理程序》及《核电厂调试缺陷管理程序》。我国相关核安全法规《核电厂质量保证安全规定》（HAF003）要求营运单位建立并有效运转质量保证体系，其中不符合项管理是质保体系的一个重要要素，尤其一些重要的不符合项应及时报国家核安全局。但多年来，由于尚没有相应文件对不符合项的识别、分类和控制给出明确的规定，因此核电厂建造期间，包括土建、制造、安装及调试阶段的不符合项分类方式五花八门，不符合项的控制也存在诸多问题，一些不符合项失控、漏报，管理和报告混乱，为在建核电厂带来严重的质量隐患，进而导致安全问题。为进一步规范核电厂建造期间不符合项的监督管理，国家核安全局组织编制了《核电厂建造期间不符合项分类及处理程序》及《核电厂调试缺陷管理程序》。

2. 建设核电厂建造事件的管理信息系统

为加强核电厂建造事件的信息共享，为核电厂提供警示和提醒，最大限度地避免相同或相似事件的重复发生，国家核安全局组织开发了核电厂建造事件的管理信息系统，该系统可以实现核电厂建造事件的网上报告和统计、归纳和检索，为在建核电厂信息共享提供了平台。

3. 确立核电厂建造经验反馈交流会制度

为增进各核电厂在建设期间信息的交流，促进和加强在建核电厂之间的技术信息交流，提高在建核电厂的建造质量和安全水平，国家核安全局确立了在建核电厂经验反馈交流会制度，并自 2011 年开始，每年召开核电厂在建期间经验反馈交流会议，会议由国家核安全局组织，内容包括在建核电厂管理情况介绍，在建核电厂发生事件及不符合项情况介绍、在建核电厂质量管理情况介绍、在建核电厂经验反馈工作介绍等几部分组成，督促各电厂加强建设期间的管理，使它们重视核电厂经验反馈体系建设。

4. 编制发布核电厂建造事件或质量问题通报

国家核安全局不定期组织编制并发布核电厂建造事件或质量问题的通报，做好经验反馈工作，预防类似事件的重复发生。

2.3.2 核安全局发布的一些建造经验反馈通知

国内在建核电厂的厂房和构筑物一般分为核动力区、汽机厂房、电厂配套设施三大类。核动力区厂房通常被称之为核岛厂房，主要包括反应堆厂房、燃料厂房、核辅助厂房等。核岛厂房除需满足结构功能以及设备需求外，还需要满足屏蔽、防火、防水、气密等一系列的建筑功能要求。其中反应堆厂房是核电厂所有厂房的核心，它的主要功能包括：①包容并支撑核蒸汽供应系统、压力容器、主管道、换料水池等；②对外部事件（如飞射物）进行防护；③在事故工况（如主管道断裂）下承受内压并限制放射性物质的泄漏；④正常运行期间提供生物屏蔽并限制污染空气的泄漏。

本书第 3 章收集整理了核电厂安全重要构筑物建造阶段有关的 16 起质量异常案例，内容涵盖混凝土安全壳外观质量缺陷、核岛厂房楼板裂缝、钢衬里超差、钢筋接头等方面的典型质量事件。希望通过对这些事件的学习和借鉴，在实际现场施工过程中采取有效措施，加强过程控制，避免类似事件的发生，从而提高现场构筑物施工质量，从源头保障机组核安全。

3 建造阶段土建施工典型事件及经验反馈案例

近期在个别在建核电项目的混凝土浇筑过程中，发生了蜂窝、孔洞和露筋等质量缺陷问题。2020 年，核与辐射安全中心收到国家核安全局工作单。根据工作单的任务要求，核与辐射安全中心组织技术人员围绕近年来核电厂建造阶段发生的类似问题开展研究，提出监管建议。

3.1 某核电厂 4 号机组外层安全壳混凝土外观缺陷

1. 事件描述

2018 年 6 月 27 日，某 4 号机组外安全壳一层（−5.0 ~ −0.9 m）开始拆除外模板，模板拆除后发现混凝土表面出现蜂窝、麻面、露筋等缺陷。内外侧模板拆除完毕，共发现混凝土表面 42 处缺陷。4 号机组核岛厂房断面如图 3-1 所示。

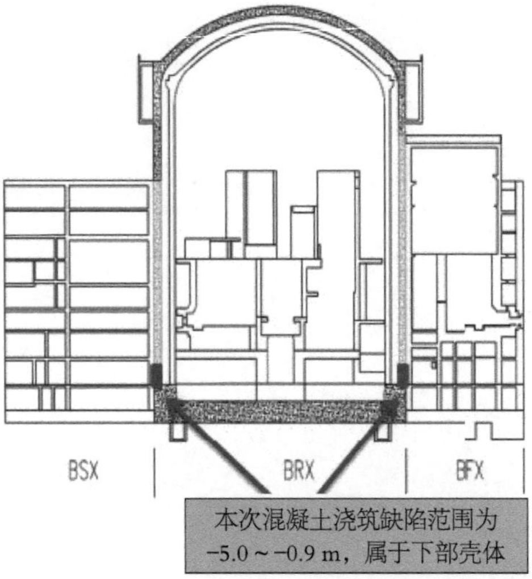

图 3–1　4 号机组核岛厂房断面图

42 处缺陷中有 4 处内外侧对应位置接近的点，分别位于 20 °、93 °、276 °、298 ° 区域，所有缺陷已凿除至密实部位，骨料均匀，未发现内、外壳缺陷贯通的情况；钻芯取样测点选取了 20 ° 和 298 ° 区域，芯样结果外观完整，无疏松，骨料分布均匀。为了合理选取取样点，沿外壳圆周等分为 6 个区域，按覆盖典型缺陷和表观无缺陷部位的原则，每个区域作为独立的验证区域，各区域内外侧交替选取测点，共计选取 6 个测点实施验证。为尽可能减小对原结构的影响，同时验证中心部位的混凝土密实，采取钻取超过中心部位 100 mm 的 $\Phi30$ 小芯样的测缺方式验证。现场选取三个典型缺陷位置进行钻芯取样，芯样加工成 9 个试件，经检测，试件的抗压强度合格，满足图纸及规格书要求（见图 3-2）。

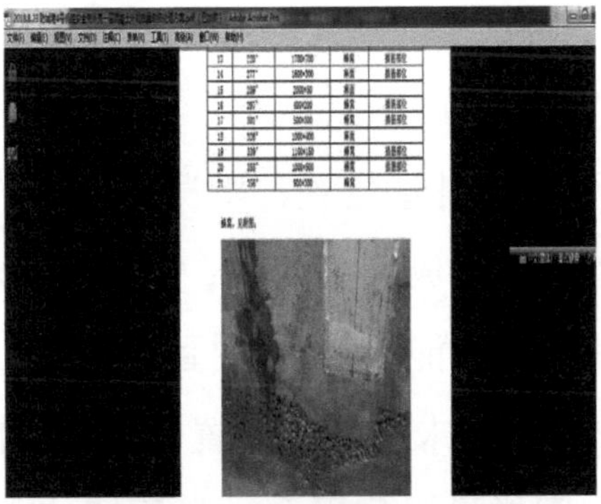

（a）

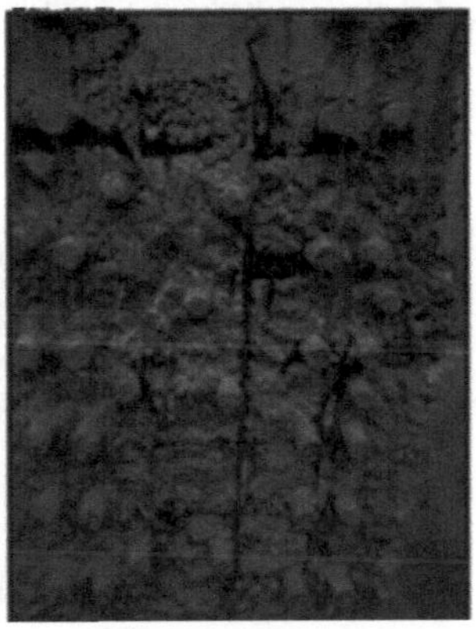

（b）

图 3–2　核岛筏基浇筑后蜂窝、麻面及露筋现象

（a）现象一；（b）现象二。

4 号机组外壳一层施工过程中，模板两侧作业平台未按方案布置，方案要求内外侧采用双排架作为操作平台，实际操作时内外侧未搭设操作平台。竖向钢筋外侧靠模板边缘振捣困难，两侧钢筋纵横网片区与模板之间，局部 Φ50 mm 振捣棒振捣困难区域，未充分采用 Φ30 mm 振捣棒进行二次振捣，形成局部蜂窝、麻面、露筋。

2. 原因分析

1）直接原因：

①混凝土离析，布料管设置不满足方案要求，导致布料高度过大，造成混凝土离析；②振捣不到位，局部漏振，振捣点间距过大，模板边缘及局部钢筋密集等区域未全部采用 Φ30 mm 振捣棒进行二次振捣，与施工方案要求不符。

2）间接原因：

①浇筑前未提前预留布料管位置，混凝土浇筑施工准备及组织不足；②作业平台未按方案搭设，造成振捣困难；③浇筑前施工技术交底不到位，施工中重难点及针对性措施未能让工人掌握并落实。

偏差：模板两侧作业平台未按方案布置，墙体中间增设操作平台。

偏差分析：墙体中间增设操作平台，易于墙体中部振捣连续均匀。竖向钢筋外侧靠模板边缘振捣困难，易造成局部竖向钢筋外侧振捣不足或漏振，产生蜂窝、麻面、露筋现象（见图 3-3）。

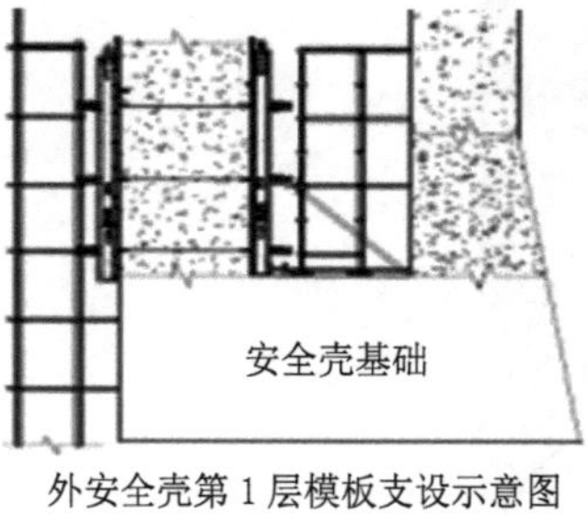

外安全壳第 1 层模板支设示意图

（a）

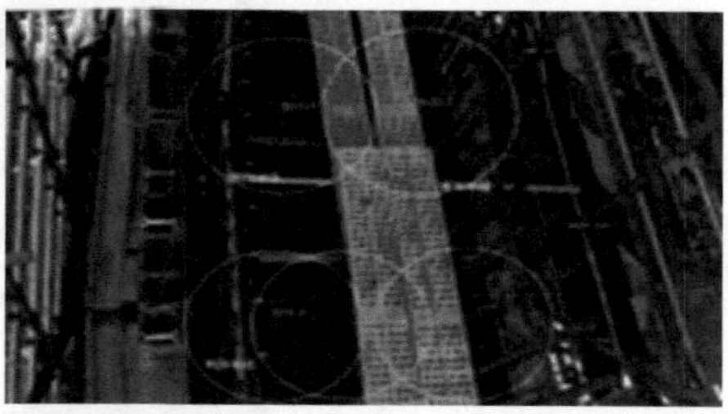

（b）

图 3–3　核岛混凝土施工

（a）外安全壳第 1 层模板支设示意图；（b）现场示意。

偏差：墙体中部跳板

偏差分析：

墙体外侧 5 层纵横向钢筋网片，墙体内侧 4 层纵横向钢筋片，中间设置为单向水平拉结筋。

混凝土布料位于易于下料的墙体中部，混凝土沿着环形方向流动良好，沿墙厚方向在竖向钢筋网片位置，混凝土流动会有所阻隔，在振捣作用下将密实钢筋与模板间的空隙。

振捣时，墙中间区域设置有振捣操作平台，中间区域振捣棒插入无影响，易于振捣均匀。两侧钢筋纵横网片区与模板之间，局部 Φ50 mm 振捣棒振捣困难区域，未充分采用 Φ30 mm 振捣棒进行二次振捣，形成局部蜂窝、麻面、漏筋。

安全壳筏板基础侧墙配筋示意图见图 3-4。

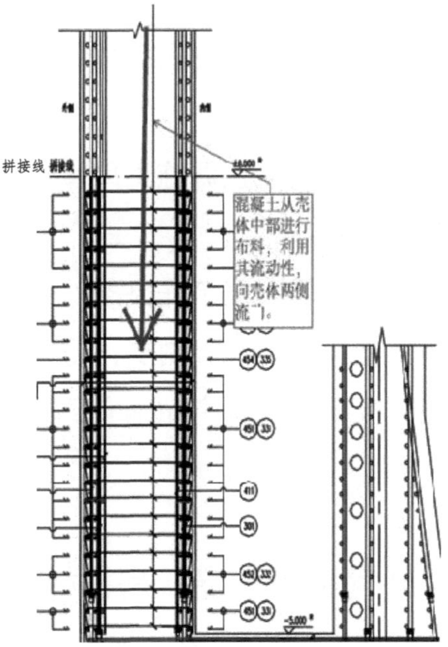

图 3-4　安全壳筏板基础侧墙配筋示意图

3）根本原因：

①核安全文化教育培训不足，部分现场管理人员核安全文化意识淡

薄；②在施工质量先决条件准备不足的情况下浇筑混凝土；③施工质量管理措施未能有效执行和落实。

3. 事件处理

（1）为进一步验证混凝土内部的密实性，采取分区域小芯样测缺的方式进行检测。根据4号机组一层外壳质量缺陷资料及取芯验证结果，制定了《4号机组外壳一层混凝土外观质量缺陷专项处理方案》。

（2）对于剔凿深度未超过保护层厚度的缺陷，采用强度等级≥ 60 MPa 灌浆料修补进行封闭处理。

（3）对于剔凿深度超过保护层厚度的缺陷，在新旧交界面处理后采用强度等级≥ 60 MPa 灌浆料进行修整。

（4）对于钻芯取样后的孔洞，采用 HRB500E 直径 Φ32 的钢筋进行植筋修复处理。

4. 经验反馈

（1）编制施工方案前，需结合现场实际情况充分识别作业风险，制定有针对性的措施指导现场施工。

（2）三级技术交底环节，重点强调施工风险点与措施，采取“三段式交底”方式确保信息传达无误。

（3）严格按照方案检查混凝土浇筑先决条件，实行打钩确认放行制。

（4）重点区域混凝土浇筑实行挂牌制度，明确各工种的负责范围。

（5）细化旁站机制，混凝土浇筑旁站落实到具体的人，及时解决现场突发问题。

3.2 某核电厂3、4号机组核岛厂房楼板裂缝

1. 事件描述

某核电厂3、4号机组安全厂房、燃料厂房（板厚800 mm）采用现浇混凝土结构，2017年7月22日开始楼板施工，在3号机组 BSX、BFX 厂

房 −4.9 m、± 0 m、+4.9 m 和 4 号机组 BSX、BFX 厂房 −4.9 m 拆除底模后，发现部分房间板底出现裂缝，已检测裂缝共计 627 条，其中 3BSX 共存在裂缝 185 条，3BFX 共存在裂缝 109 条，4BSX 共存在裂缝 223 条，4BFX 共存在裂缝 110 条。钻孔取芯显示“11 处代表性裂缝有 9 处为贯穿性裂缝”，开启不符合项进行处理。

某核电厂 3 号、4 号机组安全厂房、燃料厂房自 2017 年 7 月 22 日开始浇筑楼板至今，施工至 +8.7 m 板，在前期 −4.9 m/0 m/+4.9 m 各层施工完成并拆除底模后，发现部分房间板底出现裂缝（见图 3-5）。

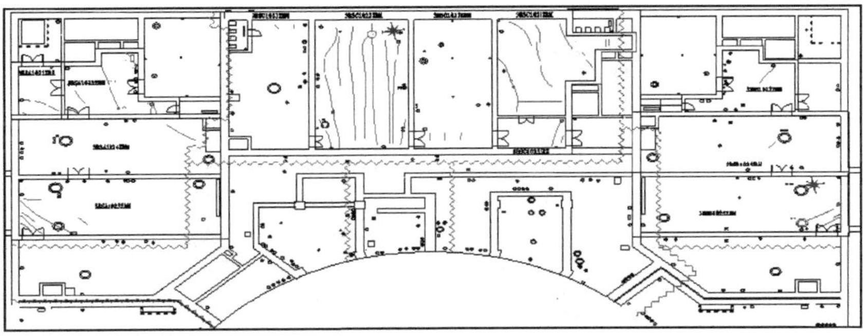

（a）

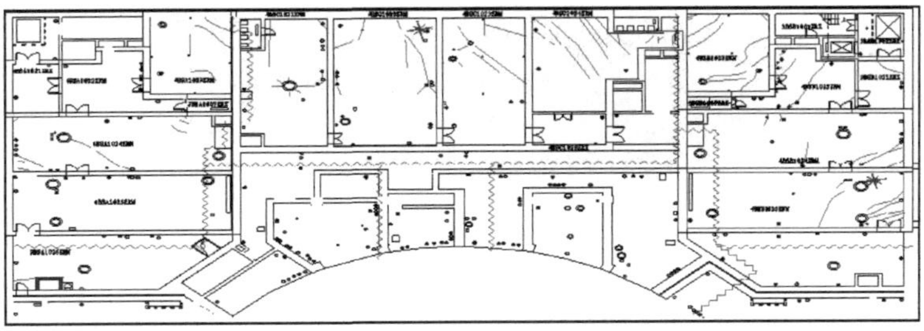

（b）

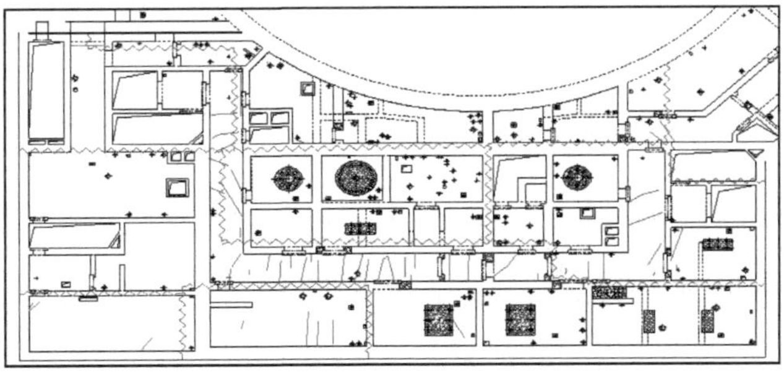

（c）

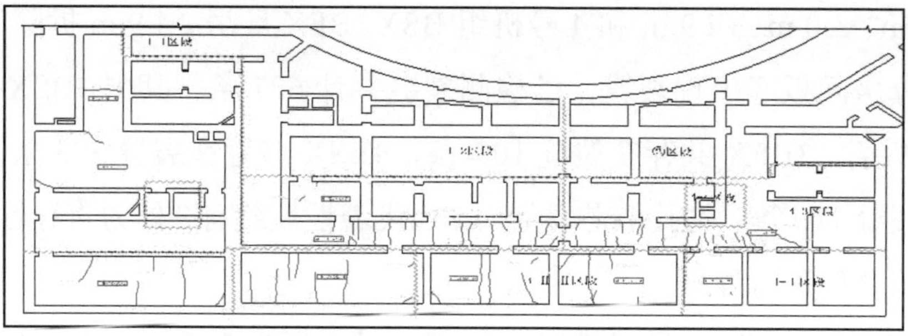

（d）

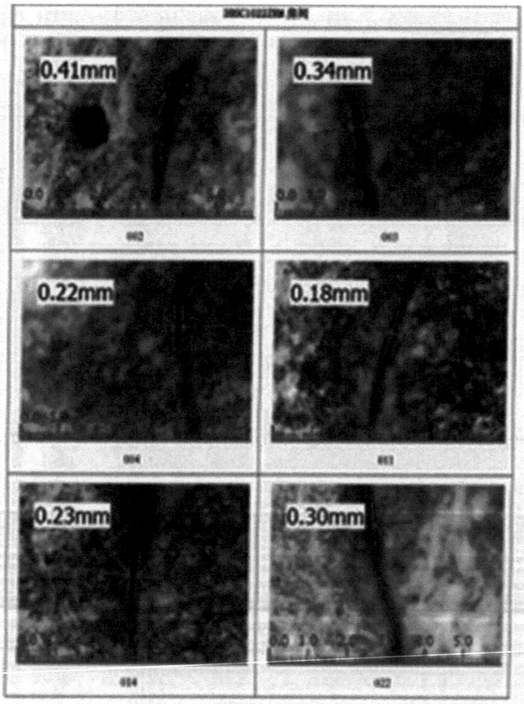

（e）

图 3–5　示意图

（a）3 号安全厂房 −4.9 m 层板底；（b）4 号安全厂房 −4.9 m 层板底；（c）3 号燃料厂房 −4.9 m 层板底；（d）4 号燃料厂房 −4.9 m 层板底；（e）模版裂缝。

2. 原因分析

现有裂缝分布在安全厂房、燃料厂房−4.9 m、0 m、+4.9 m 层楼板底部，主要为干缩和温度应力裂缝，属于典型非荷载裂缝。高强混凝土剪力墙 - 板结构在板的部位易产生以上裂缝，对楼板的结构承载力不产生影响。

根据各层板施工状态，包括施工时间、拆模时间、天气情况、荷载加载等以及裂缝的分布状态分析上述各层裂缝主要为干缩和温度应力裂缝，裂缝基本符合混凝土收缩和温度变形引起的裂缝特征，主要属于典型非荷载裂缝，裂缝分布状态主要表现为以下三类：

①分布于板的边角部位斜向裂缝，多沿预埋件、套筒、洞口等周边应力集中区域发展。

②沿板长向出现与板跨度方向一致的大体等间距的平行裂缝。

③沿板长度方向出现的平行裂缝。

裂缝产生的诱因主要包括：部分分段不合理：3 号机组安全厂房 C 列 −4.9 m 板第 1 分段过大、3 号机组燃料厂房 −4.9 m 板第 3 分段狭长不规则，对裂缝控制有不利的影响；养护措施不充分：3 号机组燃料厂房 −4.9 m 楼板下部对走廊未做封闭处理，导致下部热量及水分散失过快，上下部温差过大。

其他因素：如拆模时间等。

（1）直接原因。

①施工部分分段不合理，3 号机组安全厂房 C 列 −4.9 m 板第 1 分段过大、3 号机组燃料厂房 −4.9 m 板第 3 分段狭长不规则，对裂缝控制有不利的影响；②养护措施不充分，3 号机组燃料厂房 −4.9 m 楼板下部对走廊未做封闭处理，导致下部热量及水分散失过快，上下部温差过大；③其他因素如拆模时间等也会造成裂缝产生。

（2）根本原因。

①施工管理质量有待提高；②施工质量管理措施未能有效执行和落实。

3. 事件处理

裂缝评价逻辑关系如图 3-6 所示。

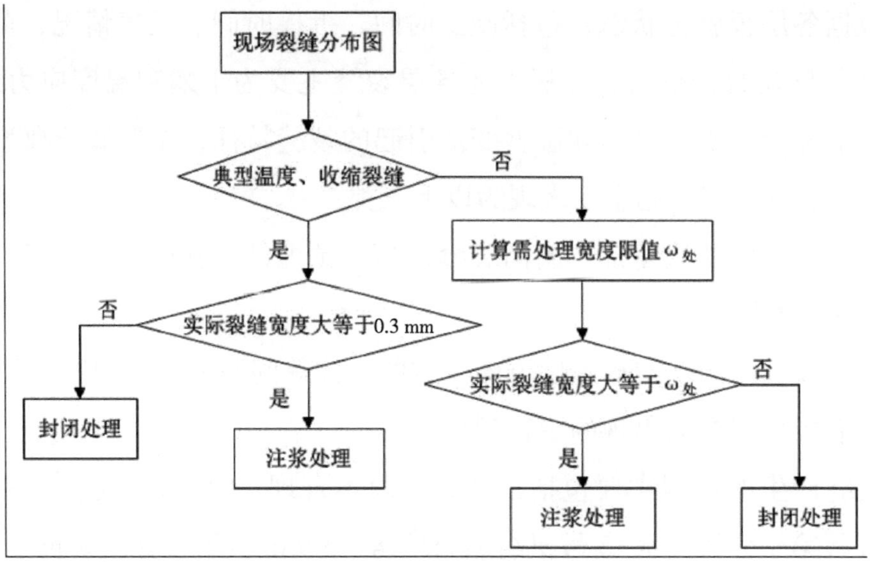

图 3-6　裂缝评价逻辑关系

设计方以 3 号机组安全厂房 −4.9 m 层楼板作为典型区段，对安全厂房、燃料厂房 −4.9 m、0 m、+4.9 m 各层板底裂缝进行分析评价，认为上述裂缝按照如上方案处理后对楼板的承载力、耐久性及房间功能不产生影响，满足设计要求。

（1）对于宽度小于等于 0.3 mm 的裂缝，采用表面封闭的方法处理。

（2）对于宽度大于 0.3 mm 的裂缝及蓄水试验出现湿渍、点渗的裂缝，进行注浆处理。

（3）对于 3 号机组安全厂房 BSC1022ZRM 房间 −4.9 m 楼板大于等于 0.188 mm 的裂缝及蓄水试验出现湿渍、点渗的裂缝进行注浆处理。

（4）1 022 房间装修层厚度由 50 mm 调整为 100 mm（坡度保持不变），并在装修层中配置上下 2 层钢筋网片，钢筋网片钢筋为直径 8 mm 的一级钢，间距 200 mm。

（5）对 1022 房间顶板进行局部加强处理，采用底部粘钢方案，将加固钢板设置于楼板中部位置，新增加固钢板厚度 10 mm、宽度 400 mm，沿楼板短跨方向布置，粘贴钢板长度尽量覆盖楼板裂缝的位置，钢板长度为全跨长度布置。

针对安全厂房、燃料厂房楼板混凝土施工，制定以下几项措施进行改进与提升：

（1）温度监测：参照大体积混凝土温度控制方案，选取3号机组安全厂房、燃料厂房8.7 m层楼板进行温度监测，掌握混凝土温度变化规律，为后续施工改进提供技术支持和依据。

（2）养护措施：进一步严格落实混凝土养护工作要求，建立养护过程可追溯的文字和影像记录，加密养护巡视频次，保证养护过程持续有效。

（3）养护环境控制：对走廊等狭长部位以及通风较好的楼板底部，做封闭措施。

（4）支撑条件：在满足设计与规范要求的前提下，进一步采取板底支撑隔层拆除的保守措施。

（5）分段控制：进一步优化楼板分段方案，减小分段跨度，按照分段长边不大于30 m的原则进行控制，避免楼板分段不规则。

（6）构造措施：在楼板洞口及转角部位加设附加抗裂钢筋。

（7）管理措施：编制《华龙一号示范项目混凝土施工质量管控专项提升方案》和《核岛厂房混凝土施工控制专项方案》，改进行动中各项要求如测温养护、拆模条件、分段划分等在方案中逐一落实，并根据结构部位、浇筑难易程度等进行混凝土浇筑分级管控；浇筑前进一步严格落实人、机、料、法、环等要素，实施混凝土浇筑先决条件打钩放行制度；严格落实混凝土浇筑挂牌制度，明确浇筑过程生产线、技术线、监督线人员信息，标明浇筑关键部位；建立混凝土振捣人员资格分级管理制度。

4. 经验反馈

（1）对混凝土施工管理全流程控制，编制专项方案，进行混凝土浇筑分级管控。

（2）实施混凝土浇筑先决条件打钩放行制度。

（3）实施混凝土浇筑挂牌制度。

（4）建立混凝土振捣人员资格分级管理制度。

（5）成立专项的裂缝组织机构，拆模后即检查楼板状况，对裂缝进行过程观测记录，跟踪落实裂缝发展变化情况，直到裂缝稳定。

3.3 某核电厂 3 号机组额外冷却水与核岛消防水厂房墙体裂缝缺陷

1. 事件描述

1）厂房结构布置。

某核电厂 3、4 号机组 BEJ 子项为额外冷却水与消防水厂房，每台机组设置一座，3 号机和 4 号机的结构布置完全一样。3BEJ/4BEJ 长 51 m，宽 26.4 m，总高 12.05 m，有 5 m 位于地下。BEJ 厂房采用钢筋混凝土结构，两侧各布置 3 个冷却塔，中间位置布置有一个补水池和两个消防水池，水池和冷却塔中间设置两层设备间。厂房结构基本对称，典型平面图见图 3-7。

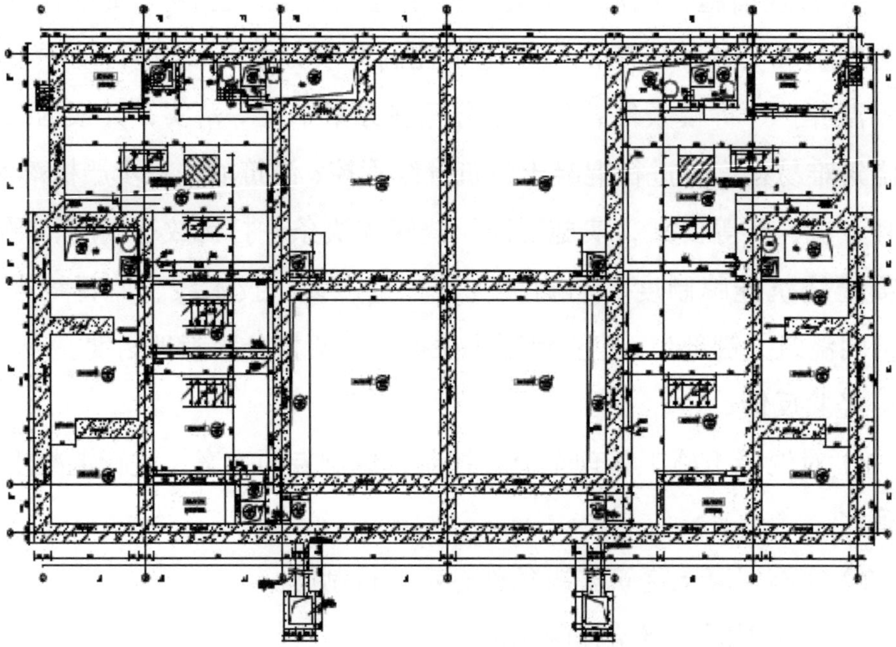

图 3-7　-4.500 m 标高平面图

2）厂房功能及抗震类别。

BEJ 厂房按功能分区可分为机械通风冷却塔区、机械设备间及水池区。厂房功能等级为 F-SC3，非安全级，抗震类别为抗震Ⅰ类。

3）结构设计概况。

BEJ 厂房为钢筋混凝土墙板结构体系，混凝土强度等级为 C45。厂房外墙、水池侧壁及冷却塔侧壁厚度皆为 1 000 mm，结构主筋采用 HRB400E，主要墙体配筋为双向 D32@250 对称配筋，局部区域配置加强钢筋。

BEJ 厂房在施工图阶段进行了内力及配筋计算，采用大型有限元分析软件 ANSYS 进行 3 维建模，根据《核电厂抗震设计规范》和参考《压水堆核电厂核安全相关的混凝土结构设计要求》选用荷载及荷载组合，内力及配筋采用设计院自主开发应用成熟的软件 ReinCal 进行计算。

2019 年 6 月至 2020 年 5 月，某核电厂 3 号机组额外冷却水与核岛消防水厂房（3BEJ）部分墙体在模板拆除后发现混凝土裂缝，经排查裂缝共 550 条，其中宽度超过《混凝土结构设计规范》（GB 50010—2010）环境类别二 a（非严寒和非严寒地区与无侵蚀性的水或土壤直接接触的环境）情况下最大裂缝宽度限值（0.2 mm）的裂缝有 132 条，涉及 3BEJ 厂房 3 层墙体（−4.5 m 至 0.3 m 层、+0.3 m 至 3.2 m 层、+3.2 m 至 6 m 层）。

根据裂缝分布及形态，判断为因混凝土凝结硬化过程中温度变形及收缩变形导致的非荷载裂缝。选取典型裂缝进行压力注水试验，结果表明裂缝存在贯穿墙体的情况。拟采用压力注浆法和表面封闭法对裂缝进行处理。

设计单位对裂缝产生的影响进行了分析，判断裂缝的产生不影响结构的承载力，裂缝处理后不影响耐久性，对厂房抗震性能无影响。

2. 原因分析

1）直接原因。

施工前所制定的混凝土裂缝控制措施有效性不足。

3BEJ 墙体配筋设计、施工分段虽满足规范要求，但钢筋间距相对较大、钢筋直径相对较大，对控制裂缝不利；施工段分段较长，导致温度变形、收缩变形累积。以上两点共同作用导致裂缝产生。

3BEJ 墙体主要出现在厚度为 1 000 mm 的墙体上，属于温度变形和收缩变形，为典型非荷载裂缝，裂缝产生的主要原因如下：

墙体钢筋配置、布置对混凝土裂缝控制不利：3BEJ 墙体主筋配筋为单层双向 32@250 的 HRB400E 钢筋，水平钢筋直径较大、间距较大，且布置在竖向钢筋内侧，与混凝土表面距离较大（达 100 mm），不利于裂缝控制；抗裂钢筋网片 Φ6@150，规格较小，不利于抗裂钢筋网片发挥作用。

墙体施工分段较长，导致温度应力变形、收缩变形累积：3BEJ 墙体水平施工段长度为 22.4 m，墙体一次浇筑长度较长且体量较大，温度变形、收缩变形累积易引发结构裂缝。

营运单位认为 3BEJ 墙体配筋设计、施工分段虽满足相关规范要求，但钢筋间距和钢筋直径相对较大，对裂缝控制不利；施工段分段较长，导致温度变形、收缩变形累积。以上两点共同作用导致裂缝产生。

2）根本原因。

①施工单位在 3BEJ 墙体施工前，对混凝土裂缝风险分析和识别不足，未充分识别出配筋设计、施工分段对裂缝控制的影响，未针对性地制定混凝土裂缝控制措施；混凝土养护等裂缝控制措施不足，混凝土浇筑后未实施温度测量和控制，混凝土养护期间，仅按照《混凝土养护工作程序》执行了施工缝处土工布加塑料薄膜覆盖、洒水养护等常规要求。②工程总承包单位在 3BEJ 墙体施工监督过程中，未及时发现混凝土裂缝风险分析和识别不足的问题，组织制定的混凝土裂缝控制有效性不足。

3. 事件处理

实施了以下裂缝控制措施：

（1）针对大体积混凝土进行温度测量和控制，温控指标按照《大体积混凝土施工标准》（GB 50496—2018）要求执行：①混凝土浇筑体在入模温度基础上的温升值不宜大于 50 ℃；②混凝土浇筑体里表温差（不含混凝土收缩当量温度）不宜大于 25 ℃；③混凝土浇筑体降温速率不宜大于 2.0 ℃ /d。

（2）构造钢筋优化：①抗裂钢筋网片由直径 6 mm 的光圆钢筋调整为直径 12 mm 的螺纹钢筋；②增加水平构造钢筋，在竖向钢筋外侧、水平钢筋中间增加一根直径 20 mm 的螺纹钢筋，使水平钢筋间距变为 125 mm。

（3）施工段划分优化：缩小墙体施工段分段长度，不大于 15 m。

（4）材料优化：混凝土调整为纤维混凝土，增加混凝土自身抗裂性能。

（5）混凝土养护措施改进：墙体模板外侧填充土工布并包裹挡风篷布，水平施工缝接缝位置延伸篷布搭接长度不少于 500 mm；墙体带模养护时间不少于 14 d。

对于出现的墙体裂缝采取以下处理措施：

（1）水池区域墙体及 0 m 以下外部墙体裂缝全部采取压力注浆法处理。

（2）其他区域墙体裂缝宽度大于 0.2 mm 采取压力注浆法处理，不大于 0.2 mm 采取表面封闭法处理。

4. 经验反馈

（1）施工单位在施工方案审查、质量控制点、日常巡检中增加对混凝土施工裂缝质量风险控制的检查。

（2）工程总承包单位在混凝土浇筑前检查内容中，增加混凝土裂缝控制措施执行情况的检查；组织对某核电厂 3、4 号机组混凝土裂缝质量风险进行全面分析和识别，并制定控制措施。

3.4 某 3 号机组钢衬里底板标高和平整度局部超差事件

1. 事件描述

2016 年 8 月 31 日，某核电厂 3 号机组钢衬里底板车间预制，9 月 27 日开始钢衬里底板现场拼装，2017 年 1 月 5 日钢衬里底板现场焊接完成。

2017 年 2 月 2 日至 16 日，核电厂按照质量控制点选点计划对钢衬里底板进行标高和平整度检查。检查共选取 559 个点进行标高检测，其中有 42 个点超过允许偏差值，最大偏差值为 50 mm；选取 157 个点进行平整度检测，其中有 53 个点超过允许偏差值，最大偏差值为 17.5 mm/2 m。不符合《B.T.S3.12 安全壳防泄衬里和空气闸门建造——焊接及有关检验》《关于钢衬里底板标高和局部偏差的允许误差的变更》和 PSAR3.8.1.6.2 节规定的底部钢衬里标高偏差在 ±15 mm 范围和局部挠度偏差不大于 5 mm/2 m 的要求。2017 年 3 月 9 日，针对钢衬里底板水平度偏差和局部挠度偏差超出 BTS3.12 和 PSAR3.8.1.6.2 节规定的情况，开启不符合项进行处理，2017 年 3 月 29 日上报建造事件。

底板钢衬里出现平整度偏差属于钢板的初始缺陷，该初始缺陷在钢衬里施工阶段会在钢衬里板内产生初始应力，根据规范要求，需要保证底板钢衬里在施工阶段处于弹性状态。因此，设计院以现场实际偏差最大值作为设计输入（整块钢衬里的初始缺陷为 50 mm；局部钢衬里 2 m 长度内初始缺陷为 17.5 mm），重新对底板钢衬里在施工阶段荷载作用下进行了分析计算，计算结果显示钢衬里底板内部最大应力可以满足设计准则要求，不影响钢衬里底板的基本功能和安全功能，同意原样接收。

为复核现场 3 钢衬里底板的实际状态，在 2 月份已完成测量的基础上，于 2017 年 4 月 2 日至 7 日对钢衬里底板标高及平整度采取了加密复测。增加标高测量测点 850 个，标高偏差最大值为 38.1 mm；增加平整度测点 50 个，局部平整度偏差最大值 13.2 mm/2 m，均未超过不符合项的最大偏差值。

2. 原因分析

1）设计原因分析。

核电厂在编制 PSAR 和出版相关技术规格书时，参考了已建和在建钢衬里底板的偏差要求，未充分考虑到大分块方案在施工控制方面的难度，未对钢衬里底板的偏差指标进行适应性调整。

2）施工原因分析。

“华龙一号”底板钢衬里单块模块面积大，焊缝数量多、应力大，焊接变形控制难度大。拼装过程中，采用手工电弧焊和仰焊工艺，焊缝位置局部产生了较大的角变形。焊接过程中采用配重块压制方式防止变形，在实施过程中部分配重块设置位置及配重重量未能有效控制局部变形。

3. 事件处理

1）3 号机组钢衬里施工控制。

由于钢衬里底板面积大且厚度小，焊后会产生焊接变形。为了减少焊接变形，保证底板的平整度，施工中采取了如下控制措施：

①在焊缝两侧布置配重块，以减小焊接变形量。

②焊接过程中采用合理的焊接顺序控制焊接变形，总体原则为先焊接板与板之间较长的拼接焊缝，再焊接板与板之间较短的焊缝，采用从中间向两边对称焊接的方法进行分段退焊。

2）3 号机组钢衬里设计控制。

3 号机组钢衬里底板的分块方案参照 EPR 项目，《B.T.S3.12 安全壳防泄衬里和空气闸门建造——焊接及有关检验》中的底板钢衬里安装偏差相应参考了 EPR 土建技术规范（ETC-C），对于钢衬里底板平整度允许偏差，温度为 20 ℃时规定标高容许公差为 ±15 mm，局部高差（平整度）为 5 mm/2 m。设计以现场实际偏差最大值作为设计输入，重新对底板钢衬里在施工阶段荷载作用下进行了分析计算，计算结果显示钢衬里底板内部最大应力满足要求，设认为不影响钢衬里底板的基本功能和安全性能。

4. 经验反馈

1）设计经验反馈。

①对于钢衬里底板的大分块方案，需考虑现场施工控制的实际情况，及时调整标高及平整度偏差要求。后续严格执行与核安全相关设计变更报审相关规定，涉及变更 PSAR/EIR 及其中审评意见或建造许可证中的内容，应及时辨别。

②加强有关程序及流程的培训，增强设计人员对与核安全相关设计变更的预见性及敏感性。

2）施工经验反馈。

①底板模块拼板尽量采用埋弧自动焊，减少手工焊缝数量，保证成品质量。

②不采用仰焊，以减少模块的变形。

③增加配重块的数量和改善布局，尽可能地将出现平整度偏差的地方进行压制约束，同时增加配重块压制时间，减少变形。

3）管理经验反馈。

①设计院、工程公司及土建承包商开展有关程序、流程的培训，将该事件经验反馈至后续工程，避免类似事件再次发生。

②排查现场是否存在变更 PSAR 内容的情况。

3.5 某 5 号机组 5RX 内层安全壳第七层水平钢筋直螺纹接头拉伸试验不合格

1. 事件描述

2016 年 2 月 29 日，某核电 5 号机组反应堆厂房内层安全壳第 7 段钢筋绑扎完成，施工单位对某核电 5 号机组反应堆厂房内层安全壳第 7 段水平 HRB500E 直径 40 mm 钢筋机械接头进行现场取样试验（共取 3 组 9 根）；2016 年 3 月 2 日，试验室出具的检测报告中两根试件断于接头长度区，抗拉强度实测值分别为 675 MPa、680 MPa，不满足设计文件（技术规格书 BTS-1.09）中 I 一级接头要求，试件不合格。按照规范要求，施工单位于 2016 年 3 月 3 日进行了双倍取样试验（共取 2 组 6 根）；2016 年 3 月 4 日，试验室出具的检测报告中有一根试件断于接头长度区，抗拉强度实测值为 685 MPa，不满足行业标准 JGJ 107—2010《钢筋机械连接技术规程》表 3.05 中“断于接头时 I 级接头抗拉强度≥ 1.10 fstk，1.10 fstk=693 MPa”的要求（偏小 8 MPa）。

2. 原因分析

钢筋接头抗拉强度实测值不满足规范要求的试件为现场取样的具有一定弧度的水平环向钢筋，对试件的抗拉强度试验产生了一定影响；水平环向钢筋机械接头在安装过程中，个别钢筋机械套筒内两端丝头出现未完全对正的情况。

3. 事件处理

此次事件造成5号机组反应堆厂房内层安全壳第7段HRB500E直径40 mm钢筋机械接头不能满足设计文件（技术规格书BTS-1.09）中I一级接头要求，经设计评估分析，钢筋接头可以按照规范中II级接头的要求进行现场验收，原样接收此不符合项。

4. 经验反馈

（1）在保证质量的前提下，改善水平环向弧形钢筋的加工工艺，接头两端预留一定的平直段长度，减少取样对试验影响。

（2）在完成常规验收时，加强内部送检，增加车间丝头制作后拉伸试验，合格后出厂安装。

（3）现场机械接头安装后，加强接头外观和力矩检查力度。

（4）优化机械接头加工工艺，加强操作工人的加工和安装培训，提高施工工艺技能水平。

（5）加强与钢筋厂家的技术交流，在目前合格的钢筋原材料加工时，提高钢筋强度，或减少钢筋直径负偏差。

3.6 某核电厂5、6号机组C60混凝土配合比与技术规格书要求存在偏差

1. 事件描述

2017年4月20日，国家核安全局在对某6号机组混凝土及预应力施工专项检查中发现，反应堆厂房外层安全壳和内层安全壳使用的C60混凝土，其配合比中粉煤灰重量比分别为0.23、0.14，不符合混凝土技

术规格书中C60混凝土的粉煤灰取代水泥最大限量20%（内壳10%）的要求。

2. 原因分析

（1）中核建二四公司（以下简称施工单位）某项目部在委托中混公司进行C60混凝土配合比设计时，参照GBJ 146—90《粉煤灰混凝土应用技术规范》中的超量取代法进行设计，超量取代法是否可用未及时与设计沟通澄清。

（2）施工单位分包商（中混公司）在配合比设计中数据取整不严谨，导致粉煤灰取代水泥量有细微偏差。

（3）施工单位、监理公司、工程公司、营运单位技术管理部门在配合比审查过程中审核工作不仔细。

3. 事件处理

2017年4月27日，设计单位澄清答复，现场配合比计算时，GBJ 146-90为有效规范，可以按照规范中的超量取代法进行计算及配制：现场粉煤灰最大掺量为14%的内壳混凝土，以及最大掺量为23%的外壳混凝土，满足规范要求；根据混凝土全性能试验报告，现场配合比配置的混凝土满足设计要求。混凝土配合比符合要求，已浇筑混凝土性能满足设计及相关要求，不影响厂房的安全性能，对工程质量无影响。

4. 经验反馈

（1）营运单位组织工程公司、监理公司和施工单位对5、6号机组其他混凝土配合比报告进行排查，并形成报告。

（2）施工单位对从事技术、质量的管理人员开展经验反馈学习，吸取经验教训，在施工过程中严格遵照技术规格书要求，如有偏离情况事前及时与设计沟通澄清。

（3）营运单位、工程公司、监理公司针对该事件开展施工管理过程中严格遵守程序方面的经验反馈。

3.7 某核电厂 6 号机组 6RS 内部结构 –6.700 m 板 R1400、R1403 墙体插筋偏位

1. 事件描述

2016 年 9 月 25 日，施工单位在对-6.70 m~-3.32 m 标高墙体进行定位放线时，发现 R1400、R1403 墙体插筋出现偏位，不符合设计图纸要求，开启了两份不符合项报告，经初步分析，主要原因是放线错误，过程检查和隐蔽验收时没有查出，现场采用切除偏移钢筋、植筋恢复、现场调整偏位较小钢筋和局部钢筋根部加固等方式，经设计确认后现场处理能满足设计要求，最终确保墙体位置满足图纸要求。

2. 原因分析

1）直接原因。

①放线人员在放线时不严谨，看错 R1400 墙体定位尺寸，设计图纸应为从 239.5 ° 平行向西偏 3 030 mm 为墙边线，但是验收时错看成平行向西偏移了 3 300 mm，导致 R1400 墙整体向西偏移 270 mm。

②审图不仔细，265 ° 和 270 ° 墙体定位控制线距离较近，在对 R1403 墙体进行定位时，R1403 墙设计图纸为 R1402 墙与 270 ° 交点到 R1404 墙交点，但细部放线时错看成为 265 ° 垂直于 R1404 墙的 2 850 mm，属于阅图不仔细，未深入分析图纸细节。

2）促成原因。

①细部放线检验记录只作为测量队内控资料，未要求上报质检部门进行检查，程序约束力不足。

②钢筋验收工作在夜间 0 点左右进行，验收环境、验收人员状态均不利于验收工作的进行，易发生疏忽。

3）根本原因。

①程序要求现场放线时采用先放控制线，再进行细部放线的方法，而内部结构细部放线时拐点过多，在放线过程中过度依赖测量人员的技术与

经验，存在人因失误隐患。

②放线工作和内部检查工作是同一测量人员进行，自检时没有认真履行放线记录自检流程，未对细部放线进行自检，不能有效识别出放线工作发生的人因失误。

③施工单位质检人员在现场进行验收时，检查不到位，仅对该墙体的截面尺寸进行了检查，未对墙体的定位进行复核。

④监理人员在验收时再次将 3 030 mm 和 3 300 mm 混淆，质检失效。

3. 事件处理

（1）2016 年 9 月 25 日，施工单位发现上述墙体插筋位置偏位后，立即停止该段墙体后续施工作业，并通报工程公司和监理公司。

（2）2016 年 9 月 27 日，监理公司将上述墙体插筋质量问题口头通告业主公司。

（3）2016 年 9 月 28 日，业主公司对质量问题进行现场核查并研究后，认可该质量问题基本符合现场管理程序《定期报告、事件报告及重要活动通告管理》准则中第 3 条相规定，随即向华东监督站现场监督组进行口头汇报。

（4）2016 年 9 月 29 日上午，根据现场监督组要求，业主公司向华东监督站现场监督组提交了质量问题情况说明、两处墙体施工相关图纸和施工方案、两处墙体钢筋施工记录，以及涉及两处墙体施工的现场相关管理程序等文件。

（5）2016 年 9 月 29 日下午，经业主公司与华东监督站现场监督组分析，该事件符合建造事件报告准则 3.1.3 条“不符合法规、标准、技术条件或其他设计要求的建造活动或物项”。业主公司确定将上述质量问题按照建造事件上报；业主公司与工程公司随即依照要求并参照程序流程发起建造事件。

（6）2016 年 9 月 29 日，针对上述质量问题，现场开启 2 份不符合项（编号分别为：NCR-1188-CN24-16-6-0034、0035）并悬挂标识牌。

（7）2016 年 9 月 29 日，业主公司向华东监督站现场监督组提交了建造事件口头通告。

（8）2016 年 9 月 30 日，业主公司主管工程副总经理组织现场相关单位召开了建造事件协调分析会，对本次建造事件状况、成因、处理措施、经验反馈等进行了调查、分析与讨论，对后续该建造事件的处理工作进行了安排：当天，业主公司向华东监督站现场监督组提交了建造事件通告书面文件。

（9）2016 年 10 月 9 日，经各方讨论、分析，施工单位会同工程公司制订了该建造事件（NCR）的处理方案并提交业主公司审核会签。

（10）2016 年 10 月 10 日，业主公司审查并同意了该建造事件（NCR）的处理方案。

4. 经验反馈

（1）严格执行程序规定的测量放线各级检查记录制度，强化制度红线意识，制定奖惩措施，细部放线必须留存相应的记录，并经 QC 核实。

（2）每项放线任务结束后必须等待放线检查记录完成，区域放线主管签字确认，方可移交施工队开展后续施工作业。

（3）对于内部结构复杂墙体的边线及拐点的定位问题，通过仪器投点的方式进行直接确定，以减少现场放线班组出现间接定位时的人因失误概率。

（4）定期由区域放线主管组织 5、6 号机组核岛作业班组放线经验交流，提前梳理图纸易混淆和易错点。

（5）在 6 号机组核岛放线小组中调入有 5 号机组核岛放线经验的人员，协助 6 号机组核岛放线小组完成现场工作任务。

（6）针对放线问题，组织开展对 5、6 号机组核岛过程控制进行专项质保监督，并形成书面报告。

（7）业主公司、工程公司、监理公司、施工单位形成经验反馈，内部宣贯培训并形成记录。

3.8 某核电厂 2 号机组钢衬里底板平整度局部超差

1. 事件描述

某核电厂 2 号机组反应堆厂房钢衬里底板模块于 2022 年 3 月 19 日吊装完成，现场于 2022 年 3 月 22 日进行了钢衬里底板平整度测量（底板温度 9 ℃），共测量 160 个点位，测量结果满足技术规格书 6.1.2 节“平整度 20 mm/2 m”的要求。

2022 年 4 月 10 日，现场对 2 号机组反应堆厂房钢衬里底板平整度进行复测（底板温度 19.6 ~ 20.5 ℃），共测量 160 个点位，其中 7 个点位超过“平整度 20 mm/2 m”的要求，最大值为 28 mm/2 m，不满足技术规格书要求。测量点位布置及测量值见图 3-8、图 3-9。

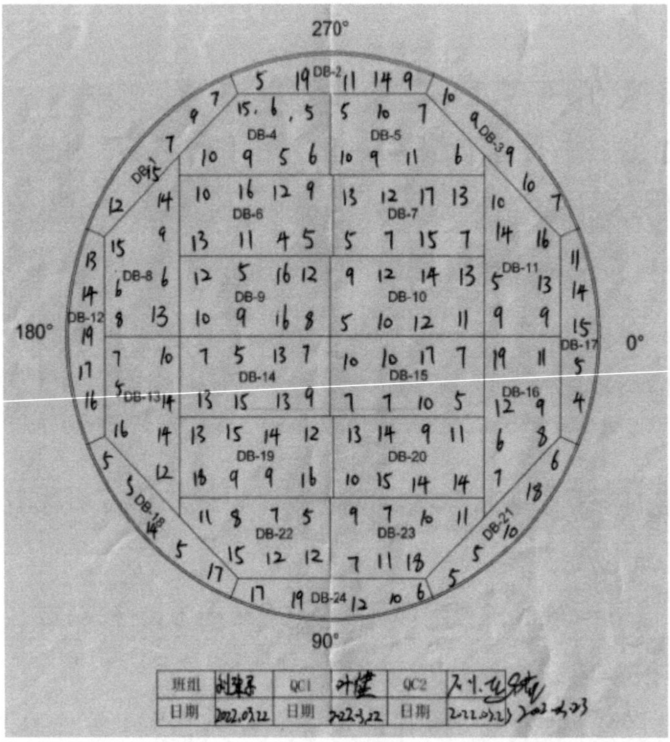

图 3–8

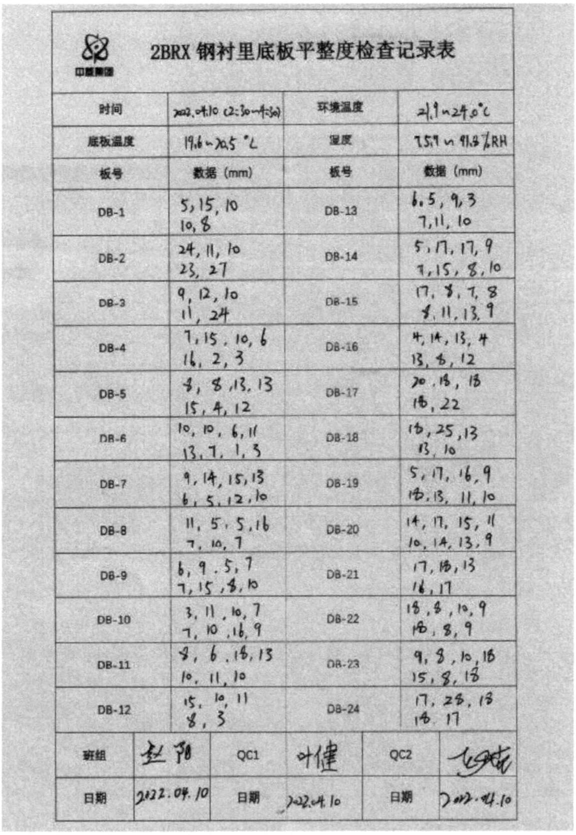

2BRX 钢衬里底板平整度检查记录表

时间	2022.04.10（2:30~4:30）	环境温度	21.9~24.0℃
底板温度	19.6~20.5℃	湿度	75.9~91.8%RH
板号	数据（mm）	板号	数据（mm）
DB-1	5, 15, 10 10, 8	DB-13	6, 5, 9, 3 7, 11, 10
DB-2	24, 11, 10 23, 27	DB-14	5, 17, 17, 9 7, 15, 8, 10
DB-3	9, 12, 10 11, 24	DB-15	17, 8, 7, 8 8, 11, 13, 9
DB-4	7, 15, 10, 6 16, 2, 3	DB-16	4, 14, 13, 4 13, 8, 12
DB-5	8, 8, 13, 13 15, 4, 12	DB-17	20, 18, 18 18, 22
DB-6	10, 10, 6, 11 13, 7, 1, 3	DB-18	18, 25, 13 13, 10
DB-7	9, 14, 15, 13 6, 5, 12, 10	DB-19	5, 17, 16, 9 18, 13, 11, 10
DB-8	11, 5, 5, 16 7, 10, 7	DB-20	14, 17, 15, 11 10, 14, 13, 9
DB-9	6, 9, 5, 7 7, 15, 8, 10	DB-21	17, 18, 13 16, 17
DB-10	3, 11, 10, 7 7, 10, 16, 9	DB-22	18, 8, 10, 9 18, 8, 9
DB-11	8, 6, 18, 13 10, 11, 10	DB-23	9, 8, 10, 18 15, 8, 18
DB-12	15, 10, 11 8, 3	DB-24	17, 28, 18 18, 17

班组	赵阳	QC1	叶健	QC2	[illegible]
日期	2022.04.10	日期	2022.04.10	日期	2022.04.10

图 3–9　测量点位布置及测量值

2022 年 4 月，营运单位界定改质量异常为建造事件。

2. 原因分析

（1）对模块化新工艺应用带来的底板变形风险应对措施不足。因采用模块整体吊装工艺，某核电厂钢衬里底板面积较其他堆型有加劲肋约束的分块面筋显著增多，施工变形控制难度增加。虽然汲取了某核电厂 3 号机组施工经验反馈，尽量采用埋弧焊，减少手工焊数量，不采用仰焊，增加配重块数量和改善布局，但现场对于整体吊装新工艺应用带来的底板变形风险预估不足，未能在施工过程中设置过程指标加以控制，且对于外围底板区域的变形控制措施有效性不足，仍须进一步有针对性地优化改进。

（2）对温度引起的钢衬里底板变形影响风险识别不足。依据钢板材料热胀冷缩的物理特性，随环境温度升高，底板温度变形表现为向其平面外方向鼓起。根据不同温度条件下钢衬里底板平整度测量结果，底板变形与温度变化呈正相关性，即随温度上升而增大，随温度降低而减小。

2 号机组反应堆厂房钢衬里中心底板与外围底板对接焊缝在相对低温环境下焊接完成，两侧底板平整度测量时，底板温度分别为 9 ℃，19.6 ~ 20.5 ℃，随温度升高底板温度变形增大。

3. 事件处理

中国核电工程有限公司对某项目 2 号机组钢衬里底板平整度局部超差分析报告开展独立审查工作。2022 年 5 月 13 日，中国核电工程有限公司出具《某项目 2 号机组钢衬里底板平整度超差分析审查报告》，提出审查意见如下：

① 计算模型与实际项目底板钢衬里结构状态基本一致，计算假定合理。

② 底板钢衬里施工阶段和使用阶段考虑的荷载考虑准确、全面。

③ 底板钢衬里应力和应变采用的验收准则准确。

④ 各荷载工况下的计算结果满足验收准则要求。

针对 2 号机组反应堆厂房钢衬里底板平整度超差的情况，设计公司进行了分析计算，计算结果满足钢衬里施工阶段应力控制指标和使用阶段应变控制指标，钢衬里底板的结构完整性和功能不受影响，可满足原设计功能要求。

后续现场将根据《浙江某核电厂 2 号机组钢衬里底板配重加载方案》进行配重加载，使钢衬里底板变形在底板范围内尽可能均布。

4. 经验反馈

1）施工经验反馈。

① 外围底板拼焊过程中满铺配重。

② 焊缝起弧及收弧位置增加底部 U 型铁布置，手工电弧焊焊缝处增加刚性靠板。

③ 预估环境温度变化对底板施工的影响，设置车间预制与现场拼装阶段底板平整度的过程控制指标。

④ 进一步了解行业内对平整度指标的验收标准，根据现有施工工艺，优化验收指标。

2）管理经验反馈。

开展钢衬里底板平整度超差事件经验反馈，强化过程控制质量意识，进一步提升核安全文化水平。

3.9 某 3 号机组电气厂房筏基 L0006 墙体部分插筋直径与设计不符

1. 事件描述

3LA 电气厂房筏基 L0006 墙部分插筋因下料错误，造成混凝土浇筑成型后预埋插筋的直径 32 mm 与设计钢筋直径 40 mm 不符，共计 256 根钢筋，涉及区域总长 12.7 m。具体事件经过如下：

2021 年 4 月 30 日起，海南某核电厂 3 号机组电气厂房（3LA）LL 区陆续进行筏基钢筋绑扎施工。

2021 年 6 月 11 日，中核二二组织总包、监理等单位进行钢筋隐蔽验收工作并通过。检查过程中未发现存在插筋直径错误。

2021 年 6 月 13 日中核二二组织营运单位、总包、监理等进行综合隐蔽验收并通过。检查过程中也未发现存在插筋直径错误问题。

2021 年 6 月 27 日 3 号机组电气厂房（3LA）LL 区筏基完成混凝土浇筑施工。

2021 年 8 月 10 日，监理工程师现场检查发现电气厂房（3LA）LL 区厂房筏基墙体中 L0006 墙体部分插筋套筒上下两端钢筋直径不一致，分别为 40 mm 和 32 mm，要求中核二二核实直径是否有误。

2021 年 8 月 10 日，经中核二二核实，确认 L0006 墙体部分插筋直径为

30 mm 与设计钢筋直径 40 mm 不符，数量共计 256 根。2021 年 8 月 10 日，CNCC 监理人员王某现场检查发现 3 号机组电气厂房（3LA）LL 区筏基 L0006 墙体部分插筋直径与设计不符的情况，涉及钢筋共计 256 根（见图 3-10）。

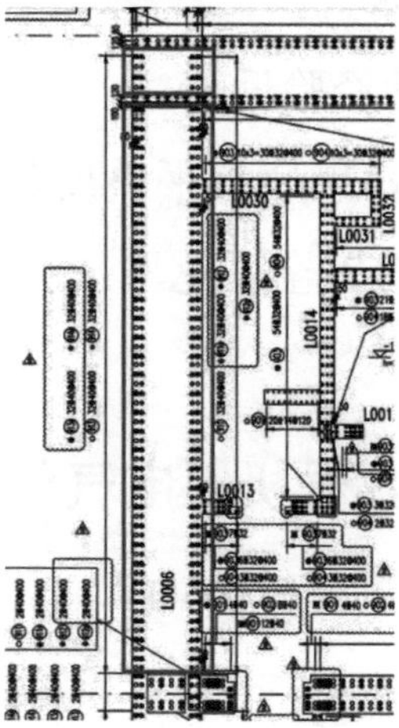

图 3-10　3 号机组电气厂房（3LA）LL 区筏基 L0006 墙错筋现场照片与图纸

2. 原因分析

1）直接原因。

① CNI22 技术员绘制“CAD 草图”过程中，将直径 40 mm 的钢筋误识别为直径 32 mm 的钢筋。

②施工班组施工绑扎过程中未使用受控图纸施工。

2）促成原因。

①钢筋加工计划审核人员未对照 FOR USE 图纸对加工计划进行复核。

② CNI22、CNCC 相关人员在钢筋加工检验过程中，未严格按照受控图纸检查。

③ CNI22 班组未严格按照程序规定开展自检工作。

④各级质量控制人员在验收放行时未严格按照程序规定逐项进行核查。

3）根本原因。

① CNI22 现有程序中未明确“CAD 草图”的管控要求，文件受控管理存在缺陷。

② CNI22 人员结构不合理，有经验的技术及质控人员不足。

③营运单位、CNPE、CNCC、CNI22 相关人员履职不到位。

④营运单位、CNPE、CNCC、CNI22 在施工过程和质量控制环节管理上存在不足。

3. 事件处理

1）设计处理方案。

钢筋种植于电气厂房 L0006 墙两侧钢筋之间，选用 HRB500 级直径 32 mm 钢筋进行种植加强，共种植 66 根。种植钢筋与已有钢筋边距≥ 3.5 d（200 mm），种植钢筋间距≥ 7 d（400 mm）。植筋深度 800 mm，采用 A 级植筋胶进行种植，一次种植完成。

2）设计计算分析。

①经对大飞机撞击工况进行计算，3LA 厂房的 L0006 墙自筏基起局部竖向配筋为 HRB500E2D32@200 情况下，可满足大飞机撞击工况要求。

② 3 号机组电气厂房（3LA）LL 区筏基 L0006 墙其他工况包络竖向配筋量计算值（除大飞机撞击工况外）：最大竖向配筋量为 9 313 mm^2/m（单侧）。按现场施工插筋 HRB500E2D32@200（单侧 8 044 mm^2/m），不满足计算要求。L0006 墙体插筋错误区域需要在墙体两侧分别植 HRB500ED32@400 的钢筋，才能满足计算。

4. 经验反馈

（1）应加强施工图纸管理，禁止非受控文件用于现场施工和验收。

（2）应严格按程序、规范要求执行半成品检验、自检互检和隐蔽验收，检查验收项目应完整细化。

（3）施工班组交接应充分沟通，做好交接班检查和记录。

（4）应对文件编制人员的资质进行严格管控。

（5）工作中应推广防人因失误工具的运用，强化质量相关人员的核安全文化意识，营造良好的核安全文化氛围。

3.10 某 3 号机组燃料厂房（3KA）筏基 KA-2 段漏筋

1. 事件描述

2021 年 8 月 11 日，排查组排查发现 3 号机组燃料厂房（3KA）筏基缺少 9 根插筋，分别为 K0014 墙体 3 根直径 40 mm、3 根直径 32 mm 插筋，D 轴 /1 轴处 3 根直径 25 mm 插筋。经核查，9 根漏筋中 8 根存放于 3 号机组北侧料场，1 根存放于燃料厂房（见图 3-11、图 3-12）。

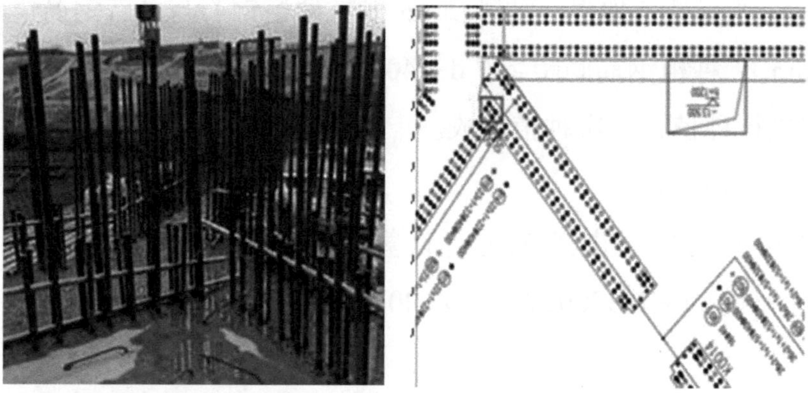

图 3-11　3 号机组燃料厂房（3KA）筏基 KA-2 段 K0014 墙漏筋现场照片与图纸

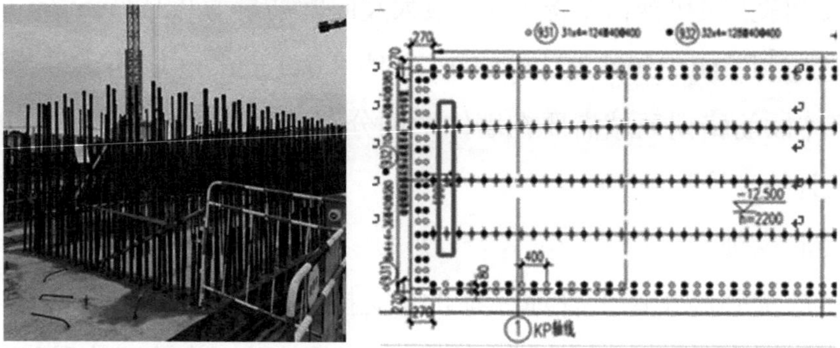

图 3-12　3 号机组燃料厂房（3KA）筏基 KA-2 段 D 轴 /1 轴漏筋现场照片与图纸

2021 年 8 月 11 日，营运单位按照《核动力厂营运单位核安全报告规定》将此次事件界定为建造事件并按要求进行上报。

2021 年 8 月 19、21 日，中核二二根据设计院对不符合项的答复意见编制《海南某核电厂 3、4 号机组 3LA 厂房 L0006 墙钢筋种植专项措施》

及《海南某核电厂3、4号机组3KA燃料厂房筏基钢筋种植专项措施》。

2021年8月27日，营运单位将上述专项措施呈报国家核安全局进行评审。

2. 原因分析

1）直接原因。

①施工班组长工作任务交接不清，检查不到位。

②施工人员识图能力欠缺，识图不准确。

2）促成原因。

① CNI22班组未严格按照程序规定开展自检工作。

② CNI22未严格按程序规定对余料进行闭环管理。

③各级质量控制人员在验收放行时未严格按照程序规定逐项进行核查。

3）根本原因。

① CNI22个别施工班组人员技术能力不足。

②营运单位、CNPE、CNCC、CNI22相关人员履职不到位。

③营运单位、CNPE、CNCC、CNI22在施工过程和质量控制环节管理上存在不足。

3. 事件处理

1）设计计算分析。

根据《3KA燃料厂房筏基KA-2段部分插筋数量与图纸不符》不符合项的上述处理方案，进行植筋处理后满足设计要求。

2）设计处理方案。

K0014与K0016墙体交接部位按照“缺多少补多少”的原则种植，选用HRB500级3根32mm钢筋和3根直径40钢筋进行种植，种植间距300 mm，钢筋边距≥3.5 d（为满足拉拔试验需求，在附近位置各增加2根相同规格型号钢筋），直径32 mm钢筋植筋深度980 mm，直径40 mm钢筋植筋深度1230 mm；D轴/1轴处，选用HRB500级6根直径25 mm

钢筋在原钢筋位置两侧进行种植，种植间距≥ 7 d，钢筋边距≥ 3.5 d，植筋深度 620 mm。采用 A 级植筋胶进行种植，一次种植完成。

4. 经验反馈

（1）应加强施工图纸管理，禁止非受控文件用于现场施工和验收。

（2）应严格按程序、规范要求执行半成品检验、自检互检和隐蔽验收，检查验收项目应完整细化。

（3）施工班组交接应充分沟通，做好交接班检查和记录。

（4）对文件编制人员的资质需严格管控。

（5）工作中应推广防人因失误工具的运用，强化质量相关人员的核安全文化意识，营造良好的核安全文化氛围。

3.11 某核电厂 1PX 联合泵房 –0.3 m 悬挑板裂缝

1. 事件描述

福建某核电厂 1、2 号机组采用“华龙一号”技术，1PX 联合泵房为抗震 I 类构筑物，其中悬挑板长 71.8 m、宽 2.55 m、厚 0.5 m，主要功能为室外 UB 围栏立柱提供基础，无防水要求，一次整体浇筑成型。联合泵房的环境作用类别为海洋氯化环境，作用等级为 III-F 级。

2022 年 8 月 26 日，检查发现 1PX 泵房 C 轴悬挑板板底局部位置存在少量湿渍，悬挑板表面、侧面、底面共发现裂缝 43 条，裂缝最大宽度 0.22 mm，最大深度 112.6 mm，未发现贯穿性裂缝。中核国电某能源有限公司对裂缝产生原因进行了分析，并向华东核与辐射安全监督站进行了反馈。

2. 原因分析

1）根本原因。

①中核五公司技术力量薄弱，导致质量风险辨识不到位，未制定针对性预防措施。

②中核工程针对中核五公司技术力量薄弱情况重视程度不足，发现的问题未形成有效的闭环管理。

2）直接原因。

①在养护过程中C轴悬挑板为面形构件，三面处于受风状态，混凝土水分蒸发较快，且板顶与板底温差较大，引起混凝土面失水，而出现局部干缩裂缝。

②悬挑板属于超长构件，且一次浇筑成型，由于长度增加带来的外部约束程度增加，蓄热量加大，施工期间由于水化热聚集和混凝土收缩导致的体积变化等引起较大的约束应力，导致混凝土裂缝的产生。

③混凝土在收面过程中，未严格按方案进行二次收面，导致悬挑板部分位置产生裂缝。

3）促成原因

①经验反馈不到位，方案制定过程中未有效落实国家核安全局下发的《关于加强核电厂土建施工阶段混凝土浇筑质量管理的通知》中相关监管要求。

②中核五公司QC人员履职不到位，未及时开展自检及巡检，发现裂缝后未及时启动质控流程处理。

③中核五公司对质量问题处理组织管理不完善，发现问题后响应不及时，导致问题未及时得到处理。

④某能源、中核咨询、中核工程相应子项工程师方案审查不到位，未识别出相应风险。

⑤某能源、中核咨询、中核工程闭环管理不到位，未及时跟踪督促质检、技术人员对不满足要求问题的整改落实。

3. 事件处理

（1）施工单位通过在悬挑板顶部浇盖水层，以检验是否存在贯穿裂缝。针对悬挑板板底、板侧湿渍，施工单位进一步开展了钻芯取样验证。经设计同意，确定取芯直径为50 mm。钻孔取样工作在某能源、中核咨询、中核工程等单位见证下开展，对钻孔取芯结果进行验证评估。根据《1PX泵

房 −0.3 m 悬挑板钻芯取样记录》提供的照片，确认 1PX 泵房 C 轴悬挑板裂缝没有贯穿。

（2）中核工程委托艾瑞特实验室对悬挑板实体进行回弹检测，试验结果满足设计图纸中关于混凝土强度的要求。

（3）对于发现所有裂缝进行处理。根据设计批复意见以及《混凝土缺陷修补工作程序》要求，裂缝修补方式为：（a）对于深度大于 0.1 H 的裂缝开启不符合项（NCR-1516-CNF5-22-9-0154）处理，处理方式采用水泥灌浆法进行修补，水泥灌浆法修补完成后再使用表面涂抹砂浆法对裂缝表面进行封闭处理。（b）对于深度小于 0.1 H 的裂缝，依据《混凝土缺陷修补工作程序》采用表面修补法进行修补。并对《混凝土缺陷修补工作程序》进行了相应的升版。

（4）为避免类似情况再次发生，施工单位升版了《某核电厂 1、2 号机组工艺性 BOP 工程 PX 联合泵房 −0.100 m 以下结构施工方案》，增加防风、保湿等措施的要求。在后续类似狭长混凝土板带构件施工前，与设计确认留设施工缝或跳仓法进行分段施工。重新对相关人员进行技术培训。

（5）施工单位增加经验丰富的土建技术管理人员负责泵房土建技术管理并向营运单位进行报备，营运单位组织评估其适应性，并严格执行日常考核，确保认真履职，做到闭环管理。

4. 经验反馈

营运单位承诺在后续类似狭长混凝土板带构件施工前，与设计确认留设施工缝或跳仓法进行分段施工。采用该种措施可在一定程度上减轻外部约束程度，减少每次浇筑段的水泥水化热蓄热量，防止水化热的聚集，减小温度应力，从而减少裂缝的发生。

3.12 某核电厂 1PX 泵房地基海水渗透污染钢筋

1. 事件描述

某核电厂 1PX 泵房筏基基坑 2020 年 11 月 15 日完成验槽，后续开展垫层施工、钢筋绑扎工序；12 月 17 日，营运单位巡查发现鼓网区基槽内筏板基础底部（标高 –30.7 m）部分区域 (4 个渗水点）渗漏海水，渗漏量约 50 kg/h, 海水盐度 2.89%。某能源公司组织中核工程、中核咨询及中核五公司对 1PX-30.7 m 钢筋绑扎区域进行全面排查，发现 1PX 鼓网区及蜗壳区筏基所有区域在距离通道口约 3 m 半成品钢筋临时放置处有 4 根钢筋（钢筋型号：HRB400E，直径 32 mm。批号：20120238。使用部位：联合泵房 1PX 区域 B 轴线筏板基础侧壁。）的弯锚端头与海水接触、被污染。对污染的 4 根钢筋开启不符合项，报废处理，完成拆除更换。

2. 原因分析

1）直接原因。

①泵房填平补齐及垫层施工方案中未识别并建立渗漏海水在钢筋安装施工区的降排、引流及清理措施；钢筋绑扎期间，成品保护不到位。

②未提前梳理、识别技术规格书中对泵房垫层及填平补齐混凝土的技术指标要求。

2）根本原因。

①施工单位管理力量薄弱，未在施工前提前识别泵房混凝土的技术指标要求及识别海水污染钢筋的风险。

②营运单位、总包及监理单位针对泵房工程管理所配备的管理力量薄弱，过程技术管理、质量监管不到位。

3）促成原因。

①发现渗漏海水污染钢筋时未引起重视、未及时采取有效措施整改、防范。

②中核咨询垫层配合比审批把关不严，未严格对照技术规格书要求开展审核。

3. 事件处理

（1）某能源及中核工程逐级发起停工令，现场立即停工整改。开启不符合项（NCR-1516-CNF5-20-9-0004），将四根被海水污染钢筋立即报废、更换并转运出基坑。

（2）采取降排水施工措施，制定了《某核电厂 1、2 号机组工艺性 BOP 工程 PX 联合泵房基坑渗水处理施工方案》(B)。主要措施包括：引流槽处理措施、集水坑处理措施、PE 管封闭处理措施等。营运单位承诺，通过上述措施保证在混凝土浇筑、养护过程中持续保持集水的抽排，混凝土达到设计强度后，另行完成灌浆封闭工作。

4. 经验反馈

（1）技术规格书存在编写错误，未及时发现和澄清，应提升技术规格书的编制质量。

（2）中核工程、中核咨询、中核五公司管理力量薄弱，未在施工前提前识别泵房混凝土的技术指标要求及识别海水污染钢筋的风险，施工前应关注可能存在的风险并采取有效的措施进行管控。

（3）施工人员质量意识不强，发现渗漏海水污染钢筋时未引起重视，未及时采取有效措施整改、防范，应不断强化核安全文化意识。

3.13 某核电厂 3 号核岛基坑区域晶洞问题

1. 事件描述

某核电厂 3 号机组基坑验槽期间发现，除了记录在地质编录报告中的 3 处直径 1 m 以上的晶洞之外，还存在 3 处直径 0.4 m 以下的晶洞，经过进一步查勘，根据地质编录工作成果，核岛及周边区域基坑底发现 22 处晶洞，其中核岛厂房结构边界线范围内 18 处。为查明核岛基坑底以下是否还有其他隐伏晶洞，营运单位选择采用探地雷达，并通过点式探测和异常点钻孔验证的勘探方式进行探查。2023 年 3 月 4 日，探地雷达点测物探工作全部完成，共计发现 16 个晶洞。后续使用 GR-V 双通道便携式探地雷达系统，补充开展多频率线状连续探测，发现 2 个晶洞。物探工作共查明核岛基底以下隐伏晶洞 18 个。

3 号核岛基坑区域还存在另外 3 处空洞，现场监督组组织营运单位进一步排查，在核岛基坑区域又发现 5 处空洞。新发现的 8 处空洞中，2 处位于 3DB 厂房区域，最大空洞尺寸长约 0.26 m，宽约 0.33 m，深约 0.25 m；6 处位于 3LX 厂房区域，最大空洞尺寸长约 0.4 m，宽约 0.4 m，深约 0.4 m，8 处空洞均未记录于《某核电厂 3、4 号机组 3 号核岛基坑地质编录报告》中（见图 3-13、图 3-14、图 3-15）。

（a）（b）（c）

图 3-13　现场地基晶洞示意图

（a）1 号空洞；（b）2 号空洞；（c）3 号空洞。

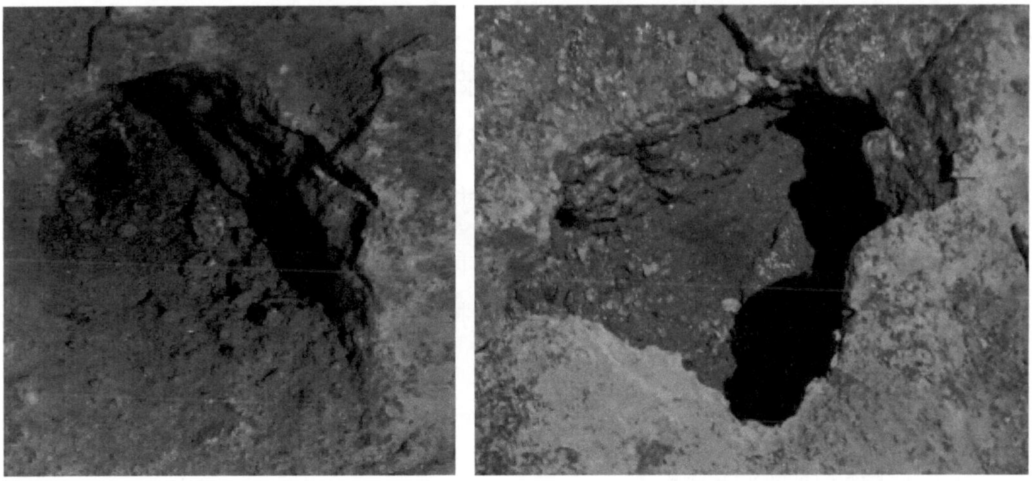

图 3-14　3DB 厂房区域新发现的 2 处空洞

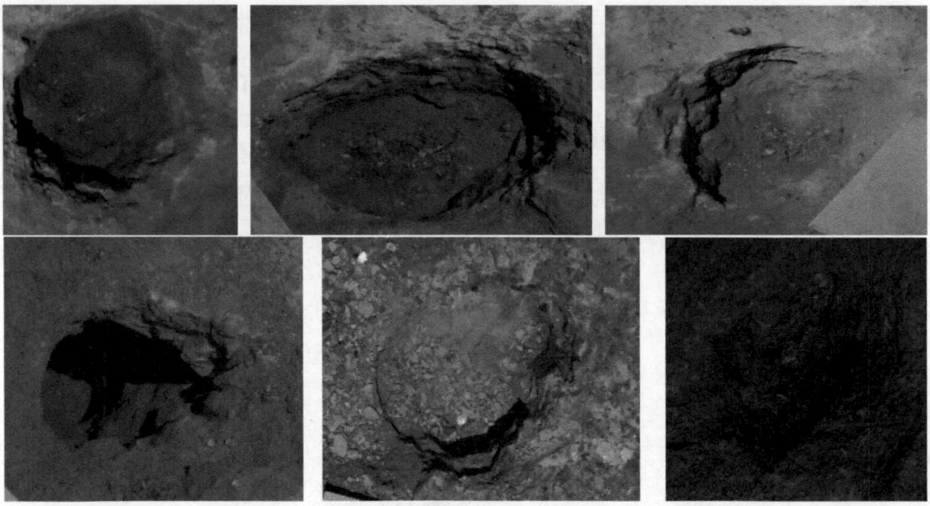

图 3-15　3LX 厂房区域新发现的 6 处空洞

2. 原因分析

（1）3 号机组核岛区域基坑存在的“空洞”是一种地质现象“晶洞构造”，其分布不规律，厂址此前未发现此类地质现象，营运单位及施工方等针对该类地质现象的认识及处理经验不足，风险辨识能力不强，核安全文化理念亟待继续提升。

（2）地质编录报告编制及审核管理人员履职不到位，针对不确定的地质现象未及时记录。

（3）某能源以及总包单位对地质编录工作监督管理不到位，存在管理薄弱的情况。基坑开挖之后，编录报告及附图中只记录了 3 处较大的晶洞，而其他的晶洞没有在报告中提及。尽管对于什么尺寸的晶洞必须编录入地质报告，并没有具体的规范性要求。但对于地质编录报告的专家评审意见“进一步细化局部岩体中空洞形态特征的描述与分析”，编录单位未能予以充分重视。

3. 事件处理

1）开展隐伏晶洞探测。

营运单位采用地质雷达探测 + 异常点钻孔验证的方案，以充分查明 3 号核岛区域是否存在隐伏晶洞。探测采用了探地雷达点测法和连续探测法两种方法。点测法使用美国GSSI公司SIR-4000高性能探地雷达，100 MHz天线，以1 m线距、0.3 m点距进行探测，对于异常区域进行复测，探测深度约15 m，共完成127 164个测点。连续测量方案使用国产GR-V雷达，基于300 MHz、100 MHz、75 MHz三种不同频率雷达进行探测，300 MHz、100 MHz天线间隔1 m布置测线，75 MHz天线间隔2 m布置测线，300 MHz屏蔽雷达天线探测深度5 m，100 MHz屏蔽雷达天线探测深度15 m，75 MHz屏蔽雷达天线探测深度20 m；详测时对于可疑区域及其周边2 m范围内采用300 MHz天线加密探测，测线间隔0.5 m，共完成772条测线，测线总长112.698 km。

通过探地雷达点测探测和后续异常分析，圈定异常点43处。对圈定的异常全部进行钻探验证，有14个钻孔揭露晶洞异常，其中2个钻孔各揭露两处晶洞异常，共揭露16处晶洞异常。探地雷达连续探测排除点测方法已发现的异常以外，另揭露晶洞2个。此次物探工作共查明晶洞18个，其中LD2、LD5和LD18为半填充，其他晶洞为全填充。

本次物探发现的晶洞空间及平面分布离散、规模小，晶洞之间未发现贯通性。综合考虑探地雷达点测、连续探测的测点密度、测线密度及现场钻探验证情况，现场探测深度10 m以内没有其他尺度超过1 m的晶洞存在；现场探测深度10 m到20 m没有尺度超过2 m的晶洞存在。晶洞围岩均为微风化岩体，岩体完整，晶洞内未发现地下水。

2）开展了地基稳定性评价。

为进一步分析晶洞对核岛地基场地的可能影响，营运单位采用Abaqus有限元软件建立了核岛地基场地分析计算模型，进行了静力分析和地震反应分析。计算结果表明：①地基中的微风化岩石中存在小于2 m×2 m×2 m非连续性空洞，核岛基底压力作用下，地基产生的压应力和局部的拉应力远小于微风化岩石的强度，地基承载力满足核岛承载力需求。②地基中的微风化岩石中存在小于2 m×2 m×2 m非连续性空洞，其基底的反应谱与没有空洞的基底反应谱，谱型一致，谱线重合，对于地震输入没有影响。

3）制定晶洞的处理措施。

3 号核岛及周边区域基坑底面发现 22 处晶洞，对于基坑底面 1 至 5 号晶洞，清除洞表松散岩面至微风化岩体，采用 C20 及以上混凝土进行填充至基底岩面。对于 6 至 22 号晶洞，由于洞体较浅，尺寸较小，采用与垫层标号相同的混凝土填平补齐至设计标高。物探工作共查明隐伏晶洞 18 个，对于 15 个全填充隐伏晶洞，所取岩芯完整，晶体填充密实，和围岩胶结良好，晶洞填充物主要为石英、长石晶体，少量分布有方解石、云母，材料特性与周围岩体相当，且晶洞尺寸小，故对全填充晶洞不进行处理；地表以下 LD2、LD5、LD18 这 3 个半填充晶洞，采用混凝土或灌浆料填充，填充材料强度等级不低于 C20，采取有效措施保证灌浆密实，应采取微膨胀或不收缩的灌浆材料，灌浆时应采取有效的排气措施。综上，审评者认为，物探工作具有不确定性和多解性，虽然根据目前的物探结果，核岛地基不存在具有较大尺寸隐伏晶洞的可能性，且隐伏晶洞中晶体的强度较高，但核岛厂房为抗震 I 类建构筑物，核岛地基稳定性对核电安全稳定运行十分重要，从保守性考虑，对晶洞进行全面灌浆填实处理。

同时，营运单位后续在核岛地基晶洞的处理施工中，应采取有效措施，确保施工质量。

4. 经验反馈

（1）核安全敏感性存在不足，3 号核岛基坑负挖过程中对晶洞问题关注不足，地质编录报告不完善。后续在 4 号核岛基坑负挖后及时开展全面查勘。

（2）提高风险防范意识，加强核安全文化理念。对于新发现的问题，第一时间及时上报核安全监管部门，并按照相关规范导则要求进行仔细的排查和分析。

3.14 某核电厂 1 号机组燃料厂房及安全厂房楼板裂缝

1. 事件描述

某核电厂 1 号机组安全厂房、燃料厂房裂缝所在区域为钢筋混凝土墙板结构体系，楼板厚度为 500 mm、600 mm、800 mm，混凝土强度等级为 C50；配筋形式为双层双向 D32@200 或双层双向 D25@200 对称配筋，结构主筋采用 HRB400E，局部区域配置加强钢筋。混凝土配合比设计时，按照 BTS《1.03 一般混凝土》及国标要求，进行各项性能试验，各项性能指标均满足设计要求。

某核电厂 1 号机组安全厂房、燃料厂房自 2020 年 11 月 26 日开始浇筑楼板，截至 2021 年 8 月施工至 +0 m 标高楼板，−4.9 m 层板底模板拆除完成后发现楼板共存在 45 条裂缝。核电有限公司（营运单位）对裂缝全数进行蓄水试验后，发现绝大部分楼板裂缝（占比 75.6%）处存在渗漏现象。

为明确裂缝特征，委托国家工业建构筑物质量安全监督检验中心对裂缝分布及长度、宽度、深度特征进行检测。2021 年 11 月至 12 月，对裂缝分布、长度、宽度及深度（超声法）进行检测，并开展楼板蓄水试验。检测结果详见汇总表 3-1。

表 3-2　裂缝检测结果汇总表

厂房	1BSX	1BFX
标高 /m	−4.9	−4.9
裂缝数量 / 条	23	22
平均深度 /mm	41	35
最大深度 /mm	91	48
平均宽度 /mm	0.2	0.18
最大宽度 /mm	0.37	0.39
平均长度 /mm	2 236	2 071
最大长度 /mm	5 940	3 500

委托国家工业建构筑物质量安全监督检验中心对所有裂缝进行蓄水试验，初步判断楼板是否存在渗水通道，渗漏的裂缝数量统计结果汇总见表 3-2。

表 3-2　蓄水试验结果汇总表

厂房	标高	裂缝数量	渗漏数量	未渗漏数量	渗漏百分比	总渗漏百分比
1BFX	–4.9 mn	22	11	11	50%	75.60%
1BSX	–4.9 mn	23	23	0	100%	

根据超声检测和蓄水试验结果，选取 3 处渗水裂缝进行取芯检测。在钢筋探测基础上避开钢筋取芯，考虑楼板受力最不利位置，同时兼顾裂缝宽度、长度、深度原则进行选点，涵盖了裂缝检测中最宽以及典型的渗水位置。

取芯检测结果情况如下：

① BSC1022-LF08 裂缝，所在楼板厚度 600 mm，总计取芯深度约 470 mm。

底部遇到钢筋，剩余长度约为 130 mm。取出的芯样上可见明显贯通裂缝。

② BSC1021-LF02 裂缝，所在楼板厚度 500 mm，总计取芯深度约 430 mm。

底部遇到钢筋，剩余长度约为 70 mm。取出的芯样上可见明显贯通裂缝。

③ BFX1024-LF01 裂缝，所在楼板厚度 500 mm，芯样已打通。芯样上可见明显贯通裂缝，且局部发生分离，分离段为深度 350 ~ 420 mm 处。

关于裂缝深度检测结果的比较及说明：

根据《超声法检测混凝土缺陷技术规程》（CECS21：2000），若被测裂缝中存在介质时，则声波经介质耦合穿裂缝而过。根据取芯检测结果，由于所有跨缝芯样均基本保持完整，裂缝已发生自愈，从而使超声波跨缝传递具备条件，故超声法推定的裂缝深度值较小。蓄水试验用于检验楼板的蓄水能力，对于贯穿裂缝，如裂缝表面闭合或内部自愈较好，其蓄水能力可能恢复。

钻芯法检测结果较为直观、可靠。依据钻芯检测结果可知，蓄水试验存在渗水的裂缝，可能全部为贯穿裂缝。

1）结构承载力与耐久性分析。

依据混凝土结构设计规范（GB 50010—2010），对裂缝所在房间楼板分别从正截面承载力、斜截面承载力和裂缝处受剪承载力进行了分析，结论如下：

①正截面承载力：楼板均为对称配筋，抗弯承载力不受裂缝影响；楼板受拉或偏拉时，由楼板内钢筋抵抗拉力，混凝土不参与抗拉，故楼板抗拉承载力不受裂缝影响。

②斜截面承载力：依据裂缝形态和规范计算方法，斜截面承载力不受裂缝影响。

③裂缝处受剪承载力：选取裂缝宽度大于 0.3 mm 的裂缝为代表进行裂缝处抗剪承载力分析，按照剪摩擦公式计算所需配筋面积小于楼板实配钢筋面积。

2）规范符合性分析。

据第三方国家工业建构筑物质量安全检验检测中心出具的《某核电站 1 号机组安全厂房、燃料厂房楼板裂缝鉴定报告》判定，某项目安全厂房、燃料厂房出现的裂缝属于非受力裂缝。

经查询《核电厂建构筑物维护及可靠性鉴定标准》（GB/T 51323—2018）、《混凝土结构设计规范》（GB 50010—2010，2015 年版）、《工业建筑可靠性鉴定标准》（GB 50144—2019）、《混凝土结构耐久性设计标准》（GB/T 50476—2019）未明确规定非受力裂缝宽度多少为不合格或超限；《民用建筑可靠性鉴定标准》（GB 50292—2015）规定了非受力裂缝在显著影响结构受力时的宽度（室内正常环境 0.75 mm）。行业协会标准《CECS 293—2011 房屋裂缝检测与处理技术规程》中规定在室内干燥环境时宽度大于 0.5 mm 时非受力裂缝应处理，并未规定裂缝不合格值或超限值，而某项目 1 号机核岛安全厂房、燃料厂房-4.9 m 层楼板裂缝为非受力裂缝，最大宽度为 0.39 mm，未违反该标准规定。

根据上述 4 个国家标准对裂缝的相关描述，未明确规定非受力裂缝宽度不合格值或超限值，而某核岛裂缝均为非受力裂缝，最大宽度为 0.39 mm，裂缝未违反国家强制标准。

结合现场调查、裂缝检测、蓄水试验、取芯结果及安全性、功能性分析，1 号机组安全厂房、燃料厂房楼板裂缝总体表现为与板跨度一致的平行裂缝或楼板边、角部斜裂缝，产生的主要原因是温度作用及混凝土收缩，属于非受力裂缝。现有裂缝未违反国家强制标准，不影响结构安全。

综上分析，存在渗水的楼板裂缝判定为贯穿裂缝。根据《混凝土施工质量验收规范》(GB 50204—2015）表 8.1.2 现浇结构外观质量缺陷要求，某核电项目安全厂房、燃料厂房楼板裂缝为非受力裂缝，不影响结构安全和使用功能，但对结构耐久性存在影响，参考严重缺陷进行裂缝处理。

2. 原因分析

在管理上和技术上，惠州核电有针对性地编制了《混凝土施工质量控制方案》和《核岛厂房混凝土专项施工方案》，对混凝土裂缝进行专项质量控制。细化混凝土质量提升各项管理措施和技术措施。

营运单位委托国家工业建构筑物质量安全监督检验中心进行裂缝成因分析，1 号机组安全厂房、燃料厂房楼板裂缝形成于拆模前，总体表现为与板跨度一致的平行裂缝或楼板边、角部斜裂缝，与混凝土收缩及温度变形导致的裂缝特征相符；裂缝形成时，楼板尚未经历外界荷载作用，且裂缝走向及特征与楼板受力特点无对应关系，非受力裂缝；房屋不存在沉降、锈蚀等不利作用，非沉降裂缝或锈胀裂缝。

选取有代表性的安全厂房（BSX）−4.9 m 楼板 BSB1024（第 4 区段）浇筑段、燃料厂房（BFX）厂房−4.9 m 楼板 BFX1024（第 5 区段）、BFX1085（第 8、9 区段）浇筑段进行模拟与分析。通过采取与现场实际混凝土参数、温度条件、养护条件、约束条件及荷载条件基本一致的输入条件，模拟楼板在养护过程中可能的裂缝产生及分布情况。模拟结果显示，模拟开裂趋势与现场实际裂缝分布情况基本一致。

根据分析及有限元模拟结果，结合各层楼板施工状态（包括施工时间、底模拆除时间、天气状况、荷载状况等）以及裂缝检测和蓄水试验结果，可以确定该楼板裂缝是由温度作用及混凝土收缩引起的，属于非受力裂缝。

3. 事件处理

某核电厂 1 号机组安全厂房、燃料厂房楼板裂缝经承载力分析不影响结构安全性，根据国家工业建构筑物质量安全监督检验中心及中广核工程设计有限公司的鉴定、评估结果，结合本项目的混凝土修整程序对 NCR 进行升版，编制专项处理方案，并经设计及相关方审核通过后，根据裂缝的愈合情况再对裂缝进行分类处理。

某项目楼板裂缝参考某二期项目楼板裂缝处理方案，按照设计给出的需处理裂缝宽度计算保守估计值进行处理：1）实际裂缝宽度超过需处理裂缝宽度计算保守估计值或蓄水试验出现渗水的裂缝采用注浆处理。2）当实际裂缝宽度未超过需处理裂缝宽度计算保守估计值时采用表面封闭处理。3）注浆处理后界面抗拉强度检验的考虑：对于振动设备房间裂缝，经设计同意后，采取加钢板的补强措施。

关于耐久性，某项目楼板裂缝注浆处理拟采用环氧树脂进行注浆封闭，具体方案详见附件《1BFX、1BSX 厂房-4.9 m 楼板裂缝修补施工方案》。同时，注浆材料胶体性能、黏结能力、耐湿热老化性能等均满足《工程结构加固材料安全性鉴定技术规范》（GB 50728—2011）的要求。

4. 经验反馈

在 1 号安全厂房、燃料厂房-4.9 m 层发现楼板裂缝后，在严格落实前述混凝土抗裂措施基础上，进一步采取以下措施提高混凝土施工质量：

（1）分区控制：针对重点关注房间（如主控室），可在主控室区域进行应力应变测量，收集相关数据，用于分段优化等混凝土裂缝防治措施分析。

（2）分段优化：减小狭长板段的分段长度，优化走廊等区域分段。

（3）抗裂钢筋：优化洞口、角部钢筋数量、抗裂钢筋直径；对于房间顶板长宽比≥ 3 且长度≥ 15 m 的区域，优化抗裂钢筋网片布设位置；可在 2 号机组选取相应楼板，在板宽 1/3 范围内，加密布设长度为 1/3 板长的抗裂钢筋，收集相关数据。

（4）角部钢筋布置优化：楼板边角抗裂钢筋由扇形布置改为平行对角线布置，长度、间距结合楼板浇筑分段的内切圆位置进行优化。

（5）配合比优化：发现楼板裂缝后，进一步优化楼板混凝土配合比，调整胶凝材料用量。

3.15 某核岛基础混凝土质量缺陷

1. 背景说明

“某”示范工程 1 号机组核岛外部基础指标高−13.676 m~ ± 0.000 m 之间、钢制安全壳底封头（以下简称“CVBH”）下部的圆形混凝土基础。外部基础外侧半径 23.985 m，内侧半径随 CVBH 变化，整个基础分为 A、B、C、D、E 五层（见图 3-16）。

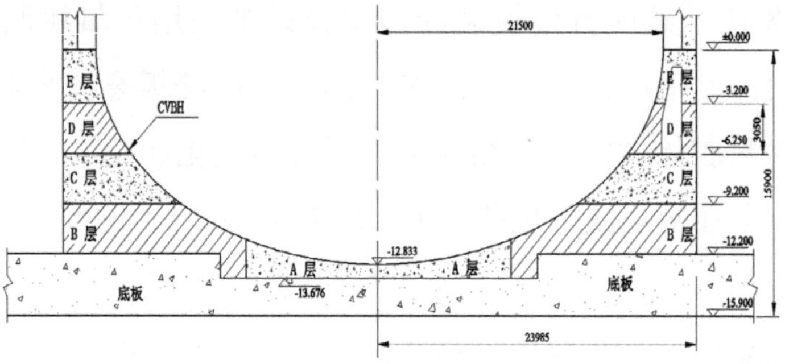

图 3–16　1 号机组核岛外部基础剖面图

本次浇筑的外部基础 D 层为标高−6.250~−3.200 m，内径 R=18.517 ~20.643 m，外径为 R=23.985 m 的截锥形筒体，其中 335.86 °~0 °~177.59 ° 为廊道区域。钢筋工程量约 620 t、埋件 152 块、贯穿件 23 个、模板 919 m^2，

浇筑混凝土总量为 1 537 m³。

施工逻辑：CVBH 底部钢筋绑扎至−3.200 m → D 层廊道墙体钢筋绑扎→廊道墙体埋件安装→ D 层廊道模板支设→外部基础及廊道顶部钢筋绑扎至−3.200 m →屏蔽墙外侧埋件安装→ D 层外侧圆弧大模板支设→ D 层混凝土施工（见图 3-17、图 3-18）。

本次 D 层浇筑采用全面分层法进行浇筑，单层布料厚度为约 400 mm。外部基础 D 层钢筋密集，汽车泵布料软管无法直接插入钢筋内部，采用了窜筒配合布料，沿环向平均每 5 m 左右设置 1 根布料窜筒，径向分别在 CV 底部及屏蔽墙内侧设置布料窜筒。

本次浇筑共有埋件 152 块，贯穿件 23 个，廊道底部 5~9 轴线预埋件紧靠 C 层水平施工缝（距离约 5 cm）。缺陷相对集中的区域，除竖向主筋、水平环向筋、温度筋、拉筋外，还布置了楼板锚筋、埋件锚筋 / 加固钢筋等结构，钢筋最小净距 3 cm。

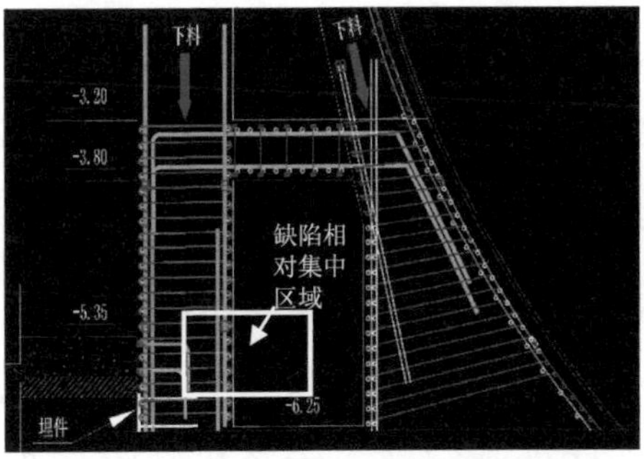

图 3-17　缺陷相对集中区域剖面图

图 3-18　屏蔽墙钢筋现场实物图

2. 事件概况

2020 年 2 月 28 日 1 号核岛外部基础 D 层混凝土于开始浇筑，2020 年 3 月 1 日完成混凝土浇筑。3 月 23 日混凝土养护结束、模板拆除后，发现蜂窝、孔洞、裂缝等外观质量缺陷。其中，蜂窝缺陷共 25 处，范围 185~335 °，其中最大处 2 700 mm × 1 700 mm。孔洞缺陷共 5 处（3 处露筋）。2020 年 3 月 24 日，发现 1 号核岛外部基础 D 层（除廊道区域）混凝土外观质量检查时，发现裂缝 26 条，裂缝宽度超过 0.2 mm 的 19 条，经现场超声波检测 11 条裂缝深度超过了混凝土保护层厚度（图 3-19）。

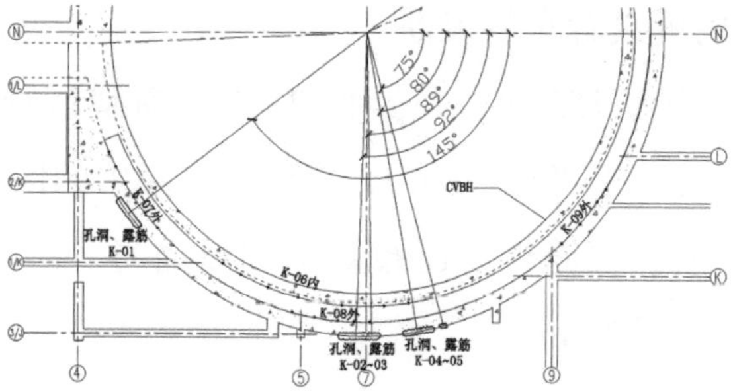

图 3–19　孔洞缺陷平面位置图

缺陷发生后，2020 年 3 月 25 日，委托第三方机构对混凝土实体进行回弹强度测试，测试结果满足设计要求。2020 年 4 月 1 日，对部分孔洞、蜂窝缺陷进行了探凿，经确认，无贯穿性缺陷。2020 年 4 月 3 日，参照设计方意见并根据专家会初步意见，对典型区域进行钻芯取样，共选择了 3 处，经取芯后检查，芯样外观完整、无疏松缺陷，骨料分布均匀，未发现混凝土内部缺陷。

2020 年 4 月 3 日，示范电站有限责任公司主办、上海院项目部具体承办，组织召开专家评审会议，经与会专家现场查勘讨论，一致认为 1 号机组核岛外部基础 D 层缺陷为局部表观质量缺陷，经修复并验收合格后，不会对结构整体性能构成影响，可以满足结构设计使用要求。

3. 原因分析

根本原因分析小组经过现场查看、人员访谈、资料查阅、数据分析、综合评判，认为本次事件主要原因如下：

根本原因 1：施工方案对 D 层廊道墙体区域混凝土振捣作业风险辨识不足，未制定明确并有针对性的振捣工艺措施；总包单位及监理单位审查未能提出问题。

根本原因 2：本次作业振捣工人员培训授权存在不足；总包单位未按程序要求对关键作业人员培训授权进行监督。

促成原因 1：施工单位自身管理有效性和质保能力不足。

促成原因 2：业主及各相关单位对施工过程的监督不足。

促成原因 3：总包单位的程序执行力不足。

促成原因 4：班组级技术交底有效性不足。

4. 拓展分析

拓展分析 1：对类似混凝土外观缺陷问题进行拓展分析发现，2020 年 3 月以来混凝土外观缺陷类 NCR 大幅增加，质量趋势存在明显下滑。

2020 年 3 月，施工单位 NCR 总数及混凝土外观缺陷类 NCR 数量均有大幅度增加，其中混凝土外观缺陷类 NCR 占比高达 50%，质量趋势明显下滑。出现了 2 号核岛 CA20 抬高区浇筑前钢筋漏装、1 号核岛辅助厂房局部胀模及变更未执行等一系列问题。初步分析认为受春节放假、疫情以及华兴自身管理有效性下降、质保能力弱化的综合影响。

拓展分析 2：对施工单位管理有效性及总包单位、业主监督有效性进行拓展分析认为，业主、总包单位、施工单位存在核安全文化弱化和质量责任意识不强的情况。

支持性事实：

本次施工为春节后复工开展的第一次大型混凝土浇筑，施工人员有思想松懈现象。

总包单位建造中心发布的施工质量控制管理程序中规定建造中心和 QAQC 部对施工质量控制的职责，未规定施工管理部质量管理职责，未体现出“管施工必须管质量”的理念。需要从类似的角度进行梳理主体责任定位。

近期内外部检查发现业主的主体责任在落实方面存在不足，包括未能及时发现管理程序的上下衔接存在问题，现场核安全监督检查问题的整改不到位等情况。

（1）存在未严格按照施工方案要求振捣的情况，部分振捣点存在漏振、欠振。

（2）部分混凝土工为临时授权人员，操作技能和经验不足。

（3）组织管理措施落实不到位、人员排班欠合理。裂缝的产生原因初步判定该部分裂缝为混凝土表面出现的干缩裂缝。

3.16 某反应堆厂房楼板裂缝

1. 事件概况

某核电站反应堆厂房 20.450 m 楼板长度为 44.8 m、宽度为 34.5 m、厚度为 800 mm，混凝土强度等级为 C35。1-F 轴线墙体 17.35~19.65 m 标高混凝土与楼板同时浇筑，由于墙体中暗柱、暗梁钢筋密集，采用 C35 细石混凝土。该楼板于 2014 年 12 月 25 日 18:40 开始浇筑，于 2014 年 12 月 27 日 02：40 浇筑结束，共计浇筑混凝土 1 260 m^3，其中 C35 混凝土 1 110 m^3，C35 细石混凝土 150 m^3。

某核电站反应堆厂房 20.450 m 楼板长度为 44.8 m、宽度为 34.5 m、厚度为 800 mm，混凝土强度等级为 C35。该楼板于 2014 年 12 月 25 日 18:40 开始浇筑，于 2014 年 12 月 27 日 02:40 浇筑结束，共计浇筑混凝土 1 260 m^3。2015 年 7 月，进行反应堆厂房 14.45~20.45 m 墙体及楼板混凝土外观检查验收，发现反应堆厂房 20.45 m 楼板局部存在裂缝，属于现浇结构质量严重缺陷。

2015 年 7 月 13 日，根据混凝土“外观检查”质量计划控制点的消点通知要求，各方共同进行了反应堆厂房 14.45~20.45 m 墙体及楼板混凝土外观检查验收，2015 年 7 月 14 日至 2015 年 7 月 17 日进行了反应堆厂房

20.45 m 楼板裂缝的仔细排查工作，经排查 20.45 m 楼板共发现裂缝 16 条（图 3-19 图 3-20）。

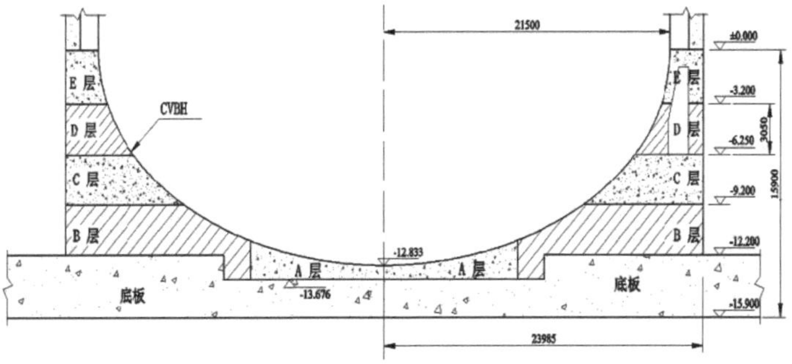

图 3–19　1 号机组核岛外部基础剖面图

（a）

（b）

（c）

图 3–19　楼板裂缝现场分布图

（a）裂缝编号：1；裂缝长度：4.45 m；裂缝平均宽度：0.5 mm。
（b）裂缝编号：5；裂缝长度：3.32 m；裂缝平均宽度：0.40 mm；
（c）裂缝编号：10；裂缝长度：2.5 m；裂缝平均宽度：0.39 mm

2015 年 8 月 3 日 00:30 完成了的灌水工作，2015 年 8 月 4 日 08:30 现场检查时发现，1、12、13、14、15 号共计 5 条裂缝有水渗出的明显湿迹，其他 11 条裂缝未发现湿迹。

2. 原因分析

经分析判断认为：反应堆厂房 20.45 m 楼板为 800 mm 厚的钢筋混凝土楼板。混凝土在硬化过程中的水化热使得楼板内部温度较高，虽然现场已经按照冬期施工的相关要求对混凝土的顶面和侧面进行了保温覆盖，但楼板底部环境与混凝土内部还是有一定的温差。楼板内部热量散失的过程中楼板的长方向收缩受到了与楼板交接墙体的约束，最终造成楼板底部产生了沿短方向的收缩裂缝。

楼板裂缝的产生原因是复杂的，是混凝土浇筑、养护、模板拆除后厚板的自重作用、温度应力和结构约束等因素综合作用的结果，但从养护期间现场楼板混凝土上下表面温度记录来看，楼板混凝土下表面温度与环境温度较为接近。因此，楼板上表面和侧面采取保温措施，底部仅靠带模养护而未采取专门的保温措施，是楼板混凝土开裂且板底裂缝宽度较大向上渐窄或尖灭的主要原因。

3. 关于加固方案的有效性

营运单位关注加固方案的有效性，营运单位在回答单 Q4 中进行了说明。目前建议的加固方案已经过业内专家评估，专家认同除对所有裂缝采用高压灌注环氧树脂的方式进行裂缝修复，并对 1-11/1-K 轴线处的斜向裂缝（1 号裂缝）处楼板上表面采用粘钢加固。

如前所述，开裂楼板位于人行通道，无特殊安全要求。对于楼板本身的结构安全性，营运单位通过计算证明它在混凝土退出工作的情况下仍具有一定的安全裕度。环氧树脂灌浆的目的是将裂缝进行封闭，使裂缝内部与环境隔离，避免潮湿空气中的游离氯离子对裂缝处钢筋的腐蚀。而环氧树脂灌浆封闭裂缝的工艺，已在秦山核电、某核电等多个核电厂有所应用，其可行性和耐久性已得到核电建造业内的认可。

粘钢加固方案依据《混凝土结构加固设计规范》（GB 50367—2006）第 10 章的相关规定，结合裂缝处的实际情况确定。粘钢的作用主要为提高截面的面内承载能力，增加设计裕度。为加强钢板与结构板本体的连接，不仅按规范要求采用压力注胶的黏结方式，还采用 HDA-T 穿透式自切底锚栓对钢板进行锚固。这种通过锚栓将钢板与结构本体固定的连接方式在其他核电工程中均已被证明是有效的。通过钢板与结构本体的可靠连接，使被加固截面的平面内承载力得到提高，从而达到增加面内承载能力裕度的效果。此外，粘钢表面还设置了 30 mm 带钢丝网片的建筑面层，可满足防火及防腐等方面的要求。

4 80 年设计寿期构筑物评价要点和方法

核安全有关构筑物是核电厂安全运行的重要组成部分，为核电厂中的系统、设备、部件提供支撑和保护。钢筋混凝土结构是核电厂使用最为广泛的结构形式，我国核电厂均地处沿海地区，滨海地区的海洋侵蚀性环境会导致核电厂构筑物钢筋混凝土过早地发生氯盐侵蚀、硫酸盐侵蚀等现象，进而导致混凝土开裂剥落、钢筋锈蚀锈胀等老化问题，给构筑物的耐久性（支承能力和包容能力）带来了严重的威胁，甚至将威胁核电厂的安全运行。

建筑物的设计使用年限(设计工作年限)是个涉及建筑材料、设计、施工及建设管理等方面的综合问题，因此要提高使用寿命，须分别从工程的物理寿命、经济寿命、技术寿命以及管理寿命等方面进行研究。生态环境部核与辐射安全中心结合实践，针对华龙后续机型 80 年核电厂设计寿期，基于核安全法规及构筑物结构设计相关技术标准要求，提出 80 年设计寿期核安全相关构筑物评价要点和方法。

4.1 主要内容和技术路线

1. 结构设计、设计工作年限和设计基准期

《工程结构通用规范》(GB 55001—2021）第 2.1.5 节规定，结构设计应包括下列基本内容：结构方案、作用的确定及作用效应分析、结构及构件的设计和验算、结构耐久性的设计、施工可行性、结构及构件的构造、连接措施等内容。

目前工程结构设计大多采用以概率理论为基础、以分项系数表达的极限状态设计方法，但某些工程领域仍采用传统的容许应力法和单一安全系数进行设计。结构设计时，应针对各种设计状况和相关的承载能力极限状态、正常使用极限状态进行分析。其目的是验证在各种内外部因素的条件下（作用、材料特性、几何形状），结构不会超过极限状态。

第 2.2.1 节规定，结构设计时，应根据结构破坏可能产生后果的严重性，采用不同的安全等级。结构安全等级的划分应符合表 4-1 的规定。结构及其部件的安全等级不得低于三级。

表 4–1 安全等级的划分

安全等级	破坏后果	安全等级	破坏后果	安全等级	破坏后果
一级	很严重	二级	严重	三级	不严重

结构设计时，应根据工程的使用功能、建造和使用维护成本以及环境影响等因素规定设计工作年限。所谓设计工作年限，是指设计规定的结构或结构构件不需进行大修即可按预定目的使用的年限。结构的设计工作年限即“设计使用年限”。在 2021 年实施的国际标准《结构可靠性总原则一术语》IS08930 中特别说明，design service life 和 design working life 是等价的两个术语。“设计工作年限”主要是指设计预定的结构或结构构件在正常维护条件下的服役期限，并不意味着结构超过该期限后就不能使用了。因此，本规范将该术语统一为“设计工作年限”以更准确表达其含义。设计工作年限是结构设计的重要参数，不仅影响可变作用的量值大小，也影响着结构主材的选择。结构设计时，应根据工程的使用功能、建造和使用维护成本以及环境影响等因素规定设计工作年限（见表 4-2）。

表 4–2 房屋建筑的结构设计工作年限

类别	设计工作年限 1 a
临时性建筑结构	5

续表

类别	设计工作年限 1 a
普通房屋和构筑物	50
特别重要的建筑结构	100

安全等级定为一级的重要结构，如果根据其建造目的和使用功能，不需要长期服役，则其设计工作年限也不强制要求取为 100 年。

所谓设计基准期，是为确定可变作用代表值而选用的时间参数。它不等同于设计使用年限。目前，我国现行的所有建筑结构设计规范所考虑的荷载统计参数，都是按设计基准期为 50 年确定的。确定可变作用代表值时应采用统一的设计基准期。当结构采用的设计基准期不是 50 年时，应按照可靠指标一致的原则，对本规范规定的可变作用量值进行调整。可见，设计基准期是一个基准参数，它的确定不仅涉及可变作用（荷载），还涉及材料性能，是在对大量实测数据进行统计的基础上提出来的，一般情况下不能随意更改。

应注意的是，设计基准期是确定可变荷载取值标准的重要时间参数，和“设计工作年限”是两个不同的概念。

2. 遵循的主要法规、标准和相关文件

1）《核动力厂设计安全规定》（HAF 102—2016）。

2）《核电厂厂址选择中的外部人为事件》（HAD 101/04）。

3）《核动力厂抗震设计与鉴定》（HAD 102/02—2019）。

4）《核电厂抗震设计标准》（GB 50267—2019）。

5）《工程结构通用规范》（GB 55001—2021）。

6）《核电厂混凝土结构技术标准》（GB/T 51390—2019）。

7）《核电厂厂房设计荷载规范》(NB/T 20105—2019）。

8）《核电厂安全相关土建结构抗龙卷风设计规定》（NB/T 20360—2015）。

9）《混凝土结构耐久性设计规范》（GB/T 50476—2019）。

3. 关于结构计算

1）基本规定。

《核电厂混凝土结构技术标准》（GB/T 51390—2019）规定，在设计基准范畴下，混凝土结构应进行承载能力极限状态计算和正常使用极限状态验算。在超设计基准范畴下，可参考相关标准评估。混凝土结构应按现行国家标准《核电厂抗震设计标准》GB 50267 规定的抗震分类及其设计水准进行抗震设计。

GB/T 51390—2019 第 3.3.1、3.3.3 节，关于承载能力极限状态计算和正常使用极限状态验算公式如下：

3.3.1 混凝土结构构件按承载能力极限状态设计时，应满足下列各式要求：

$$S_d \leqslant R_d \qquad (3.3.1\text{-}1)$$

$$R_d = R\,(f_c,\ f_s,\ a_k,\cdots) \qquad (3.3.1\text{-}2)$$

式中：S_d —— 承载能力极限状态下作用组合的效应设计值；

R_d —— 结构构件的抗力设计值；

$R(\cdot)$ ——结构构件的抗力函数；

f_c，f_s —— 混凝土、钢筋的强度设计值；

a_k —— 几何参数的标准值。

3.3.3 混凝土结构构件按正常使用极限状态设计时，应满足下式要求：

$$S \leqslant C \qquad (3.3.3)$$

式中：S ——正常使用极限状态荷载组合的效应设计值；

C —— 结构构件达到正常使用要求所规定的限值。

2）荷载（作用）及荷载（作用）效应计算。

核安全相关结构应按《核电厂混凝土结构技术标准》（GB/T 51390—2019）、《核电厂厂房设计荷载规范》（NB/T 20105）规定的荷载和荷载效应组合进行设计。

（1）荷载。

混凝土结构设计包括六类荷载：正常荷载、异常荷载、严重环境荷载、极端环境荷载、内部飞射物和外部人为事件引起的荷载。

正常荷载，指核电厂正常运行或停堆期间遇到的荷载和作用，包括：

① D ——永久荷载，包括结构自重、液体静压力、土压力、固定设备荷载等。

② L ——活荷载，包括可移动的设备荷载及其他可变荷载（例如人员重量、建造荷载、可移动的设备荷载、安装及维修期间的临时荷载、安全壳环形吊车荷载等）；

GB 55001—2021 第 3.1.16 节规定，房屋建筑的可变荷载考虑设计工作年限的调整系数 γ_L 应按下列规定采用：

（a）对于荷载标准值随时间变化的楼面和屋面活荷载，考虑设计工作年限的调整系数 γ_L 应按表 4-3 采用。当设计工作年限不为表中数值时，调整系数 γ_L 不应小于按线性内插确定的值。

表 4–3 楼面和屋面活荷载考虑设计工作年限的调整系数 γ_L

结构设计工作年限（年）	5	50	100
n	0.9	1.0	1.1

（b）对雪荷载和风荷载，调整系数应按重现期与设计工作年限相同的原则确定。

③ C_{cr}——吊车运行荷载，包括吊车竖向荷载（最大轮压或最小轮压）以及吊车的纵向和横向水平荷载。

④ T_0——在正常运行或停堆期间的温度作用：

GB 55001–2021 规定，基本气温应采用 50 年重现期的月平均最高气温和月平均最低气温。对温度作用，还没有太多设计经验，考虑设计工作年限的调整尚不成熟。

《核电厂厂房设计荷载规范》关于室内外环境温度规定：室内温度应根

据工艺资料确定；室外大气温度应根据厂址气象资料确定，对于混凝土结构，低温按 100 a 重现期连续 7 d 的平均温度取值，对于钢结构，低温按 100 a 重现期连续 1 d 的平均温度取值；场地土壤温度应根据厂址条件确定。结构的参考温度可根据厂址年平均气温确定，若无充分依据，可按 20 ℃考虑。

⑤ R_0——在正常运行或停堆期间管道和设备的反力，不包括重力荷载和地震产生的反力。

⑥ F——由施加预应力而产生的荷载。

⑦ P_v——由安全壳内部或外部压力变化而引起的压力荷载。

⑧ P_t——安全壳进行整体性试验期间的压力荷载。

⑨ T_t——安全壳进行整体性试验期间的温度作用。

⑩ F_w——水浮力。

异常荷载，指设计基准事故引起的荷载和作用，包括：

① P_a——由设计基准事故引起的压力荷载。

② T_a——由包括 T_0 的设计基准事故引起的温度作用。

③ R_a——由包括 R_0 的设计基准事故引起的管道和设备反力。

④ R_r——由设计基准事故引起的局部荷载，包括：

（a）R_{rr}——在设计基准事故工况下由高能管道破裂而产生的反力。

（b）R_{rj}——在设计基准事故工况下由高能管道破裂而产生的喷射冲击荷载。

（c）R_{rm}——在设计基准事故工况下由高能管道破裂而产生的撞击荷载。

⑤ H_a——由于内部溢流而作用于安全壳的荷载。

严重环境荷载，指核电厂寿期内偶尔遇到的环境荷载和作用，包括：

① W——厂址的基本风压荷载，按 100 a 一遇的 3 s 的平均最大风速（距地面以上 10 m 高处阵风）确定。

② E_1——运行安全地震动产生的地震作用，包括由运行安全地震动引起的管道和设备的地震作用（运行安全地震动 SL-1）。（计算地震作用时仅

考虑永久荷载和实有的活荷载)。

SL-1 地震动用于荷载组合(由于与概率相关的原因，其他事件与较低强度的地震组合)、事故后的检查及许可证要求。作为较低水平的地震动，SL-1 通常不与安全要求相关，只与运行要求相关。当核动力厂运行中厂址实际发生的地震动超越 SL-1 时，应采取措施停堆，并应依据相关要求对核动力厂安全相关物项进行评估，经过核安全监督管理部门的审查认可后，方可恢复核动力厂运行。

目前对于 SL-1 取值，我国核电厂实践中一般取 1/3~1/2SSE，而我国 GB 50267—2019《核电厂抗震设计标准》中要求“一般情况下，SL-1”不应低于 50 年超越概率 10% 的地震动水平，该水平为民用建筑抗震中的基本烈度。我国大部分按照 1/3SSE 的电厂一般满足“不低于 50 年超越概率 10% 的地震动水平”的要求，但部分电厂(如石岛湾扩建工程、漳州电厂)等按照 1/3SSE 确定 SL-1 时不满足现行标准中“不低于 50 年超越概率 10% 的地震动水平”的要求。

极端环境荷载，指可信但极少可能发生的环境荷载和作用，包括：

① W_t——龙卷风荷载的总效应，包括：

(a) W_w——龙卷风的风压荷载。

(b) W_p——龙卷风的差压荷载。

(c) W_m——龙卷风的飞射物荷载。

当考虑有龙卷风荷载 W_t 的组合时，应考虑下列组合：

$$W_t = W_p \;;$$
$$W_t = W_w + 0.5W_P + W_m$$

龙卷风产生的飞射物可以采用表 4-4 中的标准飞射物设计参数或龙卷风概率危险评价进行确定。

表 4–4　龙卷风产生的飞射物表

飞射物类型	尺寸 /m		质量 /kg		水平速度 /（m/s）		
	F3	F4 和 F5	F3	F4 和 F5	F3	F4	F5
40 号钢管	ϕ0.168 × 4.58		130		24	34	41
汽车	4.5 × 1.7 × 1.5	5 × 2 × 1.3	1/178	1/810	24	34	41
实心钢球	ϕ0.025 4		0.066 9		6	7	8
注：竖向飞射物撞击速度可取水平值的 67%，40 号钢管及汽车撞击方向为表面法向，实心钢球可为任意方向。在电厂结构 0.8 km 半径以内、地坪以上 9.14 m 高度以下需要考虑可能的汽车飞射物撞击							

龙卷风的风压荷载 W_w

（a）参考《核电厂安全相关土建结构抗龙卷风设计规定》（NB/T 20360—2015），作用在建筑表面上的龙卷风的风压荷载 W_w 可按下式计算：

$$W_w = K \cdot W_0$$

式中：W_0——设计基准龙卷风的风压，kPa。

K ——风载体型系数，可参见 GB 50009 荷载规范。

（b）设计基准龙卷风的风压值 W_0。

$$W_0 = V^2/1\,600$$

式中：V——龙卷风的设计基准风速，m/s。

② E_2——极限安全地震动产生的地震作用，包括由极限安全地震动引起的管道和设备的地震作用（SL-2）（计算地震作用时所考虑的荷载同 E1）

《核动力厂抗震设计与鉴定》（HAD 102/02—2019）中规定：

2.2.1 对每个场址应评定其地震危险性，并根据相关程度及核动力厂设计确定的目标概率水平或原则，给出两个级别的设计基准地震动：运行安全地震动（SL-1）和极限安全地震动（SL-2）。

……

2.2.3 对核动力厂每个安全级物项均应考虑 SL-2。最低水平应考虑相当于自由场地面加速度峰值 0.15 g（设计反应谱中零周期加速度的值）。”

《核电厂抗震设计规范》（GB 50267—2019）中规定：

2.1.4 极限安全地震震动

核电厂设计基准地震动的较高水准，是对应极限安全要求的地震动，通常为预估的核电厂所在地区可能遭遇的最大潜在地震动，对应的年超越概率为 10^{-4}。

内部飞射物和外部人为事件引起的荷载，包括：

① A_1——内部飞射物所产生的撞击荷载，例如由乏燃料容器坠落而引起的荷载和控制棒或阀门部件等飞出而引起的荷载。

② A_2——外部爆炸引起的冲击波荷载。

③ A_3——外部飞射物引起的荷载，例如由飞机坠毁、汽轮机部件飞出而引起的荷载。

（2）工况及荷载效应组合。

核安全相关的建构筑物应按下列各种工况的荷载效应组合进行承载力计算：

①正常运行：

$1.4D+1.7L+1.7R_0+1.4C_{cr}$……［1］

$1.05D+1.3L+1.05T_0+1.3R_0$……［2］

②正常运行加严重环境：

$1.4D+1.7L+1.7E_1+1.7R_0$……［3］

$1.4D+1.7L+1.7W+1.7R_0$……［4］

$1.05D+1.3L+1.3E_1+1.05T_0+1.3R_0$……［5］

$1.05D+1.3L+1.3W+1.05T_0+1.3R_0$……［6］

③正常运行加极端环境：

$D+L+T_0+R_0+E_2+C_{cr}$……［7］

$D+L+T_0+R_0+W_t$……［8］

④异常运行：

$D+L+T_a+R_a+1.25P_a+C_{cr}$……［9］

⑤异常运行加严重环境：

$D+L+T_a+R_a+1.15P_a+R_r+1.15E_1$ ……［10］

⑥异常运行加极端环境：

$D+L+T_a+R_a+P_a+R_r+E_2$ ……［11］

⑦正常运行加内部飞射物或外部人为事件：

$D+L+T_0+R_0+A_1$ ……［12］

$D+L+T_0+R_0+A_2$ ……［13］

$D+L+T_0+R_0+A_3$ ……［14］

注 1：以上各式中的符号代表与之相对应荷载的荷载效应标准值。

注 2：本条所列的各种荷载效应组合中任何一种荷载足以减小其他荷载的效应时，如该荷载系经常出现或与其他荷载肯定同时发生，则此项荷载效应的荷载分项系数应取为 0.9；若该荷载不与其他荷载同时发生时，其分项系数应取为 0。

注 3：组合时 P_a、T_a、R_a、R_r 应取最大效应值，除非经时程分析确认可取较低的值。

注 4：本条所列的各种荷载效应组合值即为荷载效应组合设计值。

注 5：若判定其他极端环境荷载（如极端洪水）对核安全结构有影响，则应考虑附加的荷载效应组合，用该项极端环境荷载效应代替 4.2.1 组合（8）中的 W_t。

注 6：当收缩、徐变效应较为显著时，其作用效应应包含在组合［2］、［5］~［11］中。

3）验收准则。

正截面受弯和受拉承载力计算，应按现行国家标准《混凝土结构设计规范》GB 50010—2010 的有关规定进行。

轴心受压构件配置普通箍筋时，其正截面受压承载力应符合下列规定：

$$N \leqslant 0.8\varphi(f_c A+f'_y A'_S)$$

式中：N——轴向压力设计值。

φ——钢筋混凝土构件的稳定系数，按现行国家标准《混凝土结构设计规范》GB 50010 的有关规定采用。

f_c——混凝土轴心抗压强度设计值。

A——构件截面面积。

f'_y——普通钢筋抗压强度设计值。

A'_S——全部纵向普通钢筋的截面面积。

当纵向普通钢筋的配筋率大于 3% 时，上式中的 A 应用（$A-A'_S$）代替。

轴心受压构件配置螺旋式或焊接环式间接钢筋时，其正截面受压承载力应按现行国家标准《混凝土结构设计规范》GB 50010 的有关规定进行。

偏心受压构件的承载力计算，可按现行国家标准《混凝土结构设计规范》GB 50010 的有关规定进行。

墙、板和壳体平面内受剪的单位长度的混凝土名义剪应力应满足下式：

$$V/h \leqslant 0.25f_c$$

式中：h——墙、板或壳体的厚度。

受剪承载力可由双向正交钢筋网体系提供，混凝土只承受压力，不承受拉力。正交钢筋网体系的钢筋截面面积按下列公式计算：

$$A_{sy}=\frac{N_y+V}{f_y}$$

$$A_{sx}=\frac{N_x+V}{f_y}$$

钢筋混凝土结构构件在不同环境作用等级下的最大裂缝宽度，不应超过表 4-5 中的限值。

表 4–5　钢筋混凝土构件最大裂缝宽度限值

单位：mm

环境作用等级	A	B	C、D	E、F
最大裂缝宽度	0.40	0.30	0.20	0.15

4. 关于耐久性设计

材料的耐久性是指材料在长期使用过程中，抵抗各种自然因素及有害介质的作用，保持原有性能不变质和不被破坏的能力。影响耐久性的因素，主要有以下三方面：①物理作用：受干湿冷热冻融变化等，材料体积收缩或膨胀或产生内应力而开裂破坏。②化学作用：材料在大气和环境水中的酸碱盐等溶液侵蚀下，逐渐发生质变而破坏。③生物作用：昆虫、菌类的侵害。建筑材料中的砖石、混凝土以物理破坏为主；金属材料以化学作用引起腐蚀为主；木材等天然建材，以生物作用破坏为主。

核工程建构筑物以混凝土结构为主，混凝土结构的耐久性是混凝土结构设计中的重要内容，是保证混凝土结构在使用年限或使用寿命内正常发挥功能的根本。核工程建构筑物服务的对象为带有放射性物质，并且往往面临“延寿”、“退役”等需求，因此耐久性设计作为保证建构筑物长期可靠性的重要内容，得到了行业内越来越高的重视。核工程建构筑物分为新建工程和已建工程。由于核工程本身的重要性和特殊性，更应该重视建构筑物寿期或者延寿期内结构的耐久性问题，保证结构构件能安全有效地工作。

1）国内外研究现状。

（1）国内外混凝土结构耐久性研究现状。

自混凝土材料问世以来，从人们的认知角度来说它是目前耐久性最好的建筑材料，然而其良好的材料性能使得人们往往忽略了它存在的耐久性问题。通过调查可以发现近几十年混凝土结构由于耐久性问题引发的事故层出不穷，给人们的生命和财产安全带来了极大的隐患。20 世纪 60 年代，国外开始关注混凝土结构的耐久性问题，并对混凝土的碳化现象等问题进行了大量的理论研究和实验分析。为提高混凝土结构的耐久性，西方国家自 20 世纪 80 年代中期开始进行提高混凝土耐久性材料层面的研究，取得了许多高水平的研究成果，在实际的结构建设中得到了应用，确实改善了结构的耐久性。1992 年，美国 ACI201 委员会发布了名为《混凝土耐久性指南》的技术指南，为混凝土的使用给出了指导性意见。欧盟于 1995 年出资赞助了一项名为 DuraCrete 的研究项目，到 2000 年之间给出了许多关于混凝土耐久性相关的研究报告，并出版了《混凝土结构耐久性设计指南》。为了保证结构安全可靠和能够尽可能延长结构的使用寿命，各国都制定了相应的结构耐久性规范，如欧洲标准 EN206-1 ： 2000。该标准依据结构所处外部环境对结构的水灰比、碱骨料、混凝土强度等都作了相关规定。从混凝土的耐久性出发，根据结构所处的不同环境条件，对混凝土的最小水泥用量、最低强度等级、最大水灰比以及骨料要求等均作了规定，欧洲各国在此基础上作了适当补充。

20 世纪七八十年代，我国开始重视结构耐久性研究，组织了许多专家和学者对国内已有混凝土结构进行了架构耐久性鉴定和维护研究。国务院 2000 年颁布《建设工程管理条例》，同年又下达了“关于建设单位执行建设工程合理使用年限问题的通知”，这两个文件充分显示国家对建筑结构耐久性的重视程度，此后土木工程、建筑材料等领域相关的专家和学者又进行了深入的研究，得出了许多具有重大意义的研究成果，并在实际项目建设中应用，很大程度提升了我国混凝土结构耐久性水平。目前世界上有大量的混凝土结构已经使用了许多年，或多或少都存在耐久性降低需要进行维护的情况，但结构的维护需要进行耐久性评估。需要注意的是耐久性评估不是一门精确测量的科学，它是基于大量的实验和结构真实情况进行物理、化学和结构层面综合分析结果。

环境因素是影响混凝土结构耐久性的最主要因素，但是结构设计、结构施工材料和方法、后期维护等因素对结构耐久性来说也是重要的影响因素。根据结构所处的环境（大气环境、作业环境），可以将建筑所处的环境分为一般大气环境和特殊环境。一般大气环境中 CO_2、酸雨、环境温湿度等因素将使混凝土结构发生中性化，进而会使钢筋发生锈蚀，大气环境或者作业环境的温度和湿度是引起钢筋锈蚀的主要因素。特殊环境中的结构腐蚀损坏和结构耐久性降低的主要原因是所处环境中的酸性气体、CL-1

侵蚀和冻融损伤等，如海边的CL-1侵蚀、极寒地区的冻融损伤及工业作业产生的酸碱性腐蚀等。结构由许多构件组成，因此构件的耐久性研究是建筑的耐久性研究的基础，构件的混凝土保护层发生中性反应后，构件碱性降低，进一步使钢筋保护膜遭到破坏，钢筋也会出现锈蚀，严重时会造成钢筋开裂，严重影响结构耐久性。

（2）国内外混凝土耐久性评价系统研究现状。

研究者通过将计算机技术应用在混凝土结构耐久性的设计分析中，为结构混凝土设计、建造和维护提供了科学的指导，许多相关的结构分析软件在国内外已经得到了普遍的应用，如SATWE、MIDAS、ABAQUS和ANSYS等。我国现有混凝土结构数量庞大，但是缺乏系统、完备的自主研发的结构耐久性分析评价软件，这一直影响着我国混凝土结构设计、建造、加固和改造行业的发展。

刘腾面向既有混凝土结构的耐久性，在高层建筑结构分析软件SAGS的基础上，利用Delphi语言，结合BP和AHP两种算法根据相关标准并提取相关参数实现了结构耐久性评估。张建国、蒋凤昌基于动态可靠度理论利用神经网络和VisualBasic语言编程，构建了结构耐久性评价系统；舒阳、王敬东等结合专家系统和神经网络的相关算法，完成了基于神经网络的结构耐久性智能评估系统的开发。

目前，欧洲国家已经开发出了相关的结构耐久性检测系统。Broomfield和JohnP设计了一套耐久性监测和耐久性分析评估软件，能够较好地实现对耐久性的评价并对耐久性维护给出指导意见。他们还对结构监测中的传感器安装布置和数据采集进行了相关研究。John和Gareth设计了一种针对新建或者已建建筑结构钢筋锈蚀率的监测系统，可在不破坏结构的情况下实现结构钢筋锈蚀状态的监测。

2）混凝土耐久性设计措施。

《核电厂混凝土结构技术标准》（GB 51390—2019）3.4.1规定，混凝土结构应通过合理选择材料、控制材料质量、采用有利于耐久性的结构形式和构造、控制施工质量、加强使用中的定期监测及维护等基本措施来保证耐久性。对处于恶劣环境的构件宜采用防腐蚀附加措施或多重防护策略。

依据《混凝土结构耐久性设计规范》(GB/T 50476)的规定，需要根据混凝土结构所处环境、结构重要程度和设计使用寿命等因素，确定对混凝土的技术要求，包括混凝土最低强度等级、最大水胶比、抗冻融性能要求、抗氯离子渗透系数等。这些技术要求应体现在混凝土结构设计中的混凝土技术指标或要求上，从而保证混凝土结构达到相应耐久性要求。

《混凝土结构设计规范》规定：混凝土结构应根据设计使用年限和环境类别进行耐久性设计，耐久性设计包括下列内容：①确定结构所处的环境类别；②提出对混凝土材料的耐久性基本要求；③确定构件中钢筋的混凝土保护层厚度；④不同环境条件下的耐久性技术措施；⑤提出结构使用阶段的检测与维护要求。

该规范对不同环境类别下设计使用年限为50年的混凝土结构做了规定。当设计使用年限提高至100年时，在一类环境中，钢筋混凝土结构的最低强度等级为C30；最大氯离子含量为0.06%；在二、三类环境中，混凝土结构应采取专门的有效措施，由于国内缺乏相关研究及工程经验，不能准确给出具体值，需要专门设计。

4.2 研究成果

针对华龙后续机型80年设计寿期核安全相关构筑物评价要点和方法，总体应基于结构安全等级和设计工作年限的规定，在结构设计方面采用满足核电规范及国家标准(《核电厂抗震设计标准》GB 50267—2019、《核电厂混凝土结构技术标准》GB 51390—2019、《工程结构通用规范》(GB 55001-2021)等)规定的荷载组合等计算要求，在耐久性设计方面根据规范要求采取针对性的措施；其次，基于核电厂全寿期构筑物老化管理的理念，在核电厂构筑物结构设计、建造、运行和退役过程中引入老化管理要求。

因此，当设计使用寿命要求 80 年以上时，建构筑物的混凝土材料可根据当地环境类别，可参照《混凝土结构耐久性设计规范》（GB/T 50476—2019）采取以下措施：

①限制混凝土的水胶比。

②提高混凝土的强度等级。

③提高混凝土的抗冻、抗渗性能力。

④对于处在可能导致严重腐蚀的三类环境中的构件，必要时可采用阻锈剂、环氧树脂或其他材料的涂层钢筋、不锈钢筋、阴极保护等方法。

⑤四类环境可参考现行行业标准《港口工程混凝土结构设计规范》（JGJ 267），五类环境可参考现行国家标准《工业建筑防腐蚀设计规范》（GB 50046）。

⑥构件表面应注意避免积水，加大排水坡度使排水畅通。

⑦构件表面可采取增加防护层、基础表面刷防水砂浆等方法，使构件不直接承受环境作用。

⑧加大钢筋保护层厚度。

⑨提出设计使用年限内构筑物使用维护的要求，使用者应按规定的功能正常使用并定期检查、维修或者更换。

⑩其他专门、成熟、可靠的措施等。

⑪建立核电厂全寿期构筑物老化管理的理念。

当前，国外核电厂抗震设计发展的趋势之一是仅将 SL-2 地震动作为抗震设计基准，SL-1 作为停堆检查的指标。考虑到 SL-1 的取值高低将影响抗震类物项的设计与运行安全，结合我国核电厂抗震设计实践，因此建议：

①关于 SL-1 取值的确定原则。核动力厂设计和建造采用较高的 SL-1，造价会比较高；核动力厂设计和建造采用较低的 SL-1，地震引起停堆的可

能性较高，因此可能会面临更高频率的检查。营运单位应从核电厂运行经济性、抗震类物项设计及区域能源安全角度统筹考虑，合理确定 SL-1 值。

②关于 SL-1 取值的下限范围。关于新建机组 SL-1 取值应满足 GB 50267—2019《核电厂抗震设计标准》中“不低于 50 年超越概率 10% 的地震动水平”的要求。此处“50 年超越概率 10% 的地震动水平”指由中国地震局批复的核电厂工程场地地震安全性评价报告中所确定的对应于核岛地基条件（场地类别）的 50 年超越概率 10% 的地震动。

4.3 结论及建议

针对“华龙一号”后续机型 80 年设计寿期构筑物评价要点和方法，总体上应基于结构安全等级和设计工作年限的规定，在结构设计方面采用满足核电相关法规导则、国家标准〔《核电厂混凝土结构技术标准》（GB 51390）、《核电厂抗震设计标准》（GB 50267）、《工程结构通用规范》（GB 55001—2021）等〕及行业标准〔《核电厂厂房设计荷载规范》NB/T 20105 等〕规定的荷载及荷载效应组合、设计和验算等结构计算要求，在耐久性设计方面根据规范〔《混凝土结构耐久性设计规范》GB/T 50476 等〕要求采取针对性的措施。

结构设计关注问题举例如下：

①预应力混凝土安全壳结构有关的材料（钢绞线、混凝土、钢衬里）特性研究，80 年寿期安全壳结构设计需要建立考虑材料性能退化的预应力损失预测模型，预应力安全壳寿期预测模型（时限老化分析）。

②“华龙一号”三代机型重要厂用水系统有对极限安全地震震动（SL-2）灾害进行防护的要求。根据《核电厂抗震设计标准》（GB 50267—2019）6.3.4 要求，混凝土安全壳和抗震Ⅰ类、Ⅱ类建筑物、构筑物的混凝土基础底板应进行抗震验算裂缝宽度，预应力混凝土安全壳、取水泵房等混凝土结构设计中落实抗震验算的方法。

③“华龙一号”取水构筑物联合泵房耐久性设计与《混凝土结构耐久性设计规范》（GB/T 50476—2019）的符合性。核电厂 80 年寿期运行过程中，应进一步开展对泵房混凝土氯离子侵蚀及冲刷耦合问题的研究，加强潮汐区、浪溅区及水下区构件表面冲刷情况的观测与监测，进一步完善取水构筑物监测和老化管理方案。

④新建机组 SL-1 取值应满足 GB 50267—2019《核电厂抗震设计标准》中“不低于 50 年超越概率 10% 的地震动水平”的要求。此处“50 年超越概率 10% 的地震动水平”指由中国地震局批复的核电厂工程场地地震安全性评价报告中所确定的对应于核岛地基条件（场地类别）的 50 年超越概率 10% 的地震动。

5 核电厂构筑物建造质量监管现状及监管建议

我国在建核电机组数量全球第一，监管任务十分繁重。一段时间以来，我国核电厂多次发生核电厂构筑物混凝土质量缺陷问题，给现场安全监管工作敲响了警钟，国核安发〔2020〕122 号文要求加强混凝土质量管理。当前，亟须通过创新核电厂监督技术支持模式，完善核电厂现场建造监督程序及细则，强化监理作用落实各方责任，建立建造期间经验反馈和信息共享机制等方式统筹推进核安全监管工作。

5.1 我国核电厂建造质量监管现状

建筑业在我国属于安全事故多发行业，核电厂建造阶段质量安全风险不容忽视，核电项目工程建设管理复杂多样。我国核电厂核安全监管体系在不断完善，但针对疫情防控常态化亟须创新核电监管模式。

1. 核电厂建造阶段质量安全风险不容忽视

截至 2020 年 3 月，我国有 15 台在建机组，在建核电机组数量全球第一，不同机型的技术和设计标准各不相同，建造规定也不尽相同，这无形中给我国的核安全监管工作增加了负担和难度。2019 年核电厂营运单位报告建造事件 6 起，如某核电厂 3 号机组安全壳钢衬里质量问题影响深远，教训深刻。目前，各类安全事件都得到了妥善处理。核安全有关构筑物是核电厂安全运行的重要组成部分，但一段时间以来，在我国核电项目建造过程中，多次发生核岛厂房混凝土蜂窝、孔洞、露筋和楼板裂缝等质量缺陷问题（表 5-1），安全监管形势不容乐观。

表 5-1 核电厂建造阶段混凝土质量缺陷典型案例

核电厂	混凝土缺陷现象	原因分析	经验反馈
某“华龙一号”机组	安全壳混凝土外观质量严重缺陷	（1）布料管设置不满足要求； （2）振捣不到位	严格落实各项核安全管理和施工管理要求
某“华龙一号”机组	在机组 BSX、BFX 厂房部分房间板底出现大量裂缝	（1）施工分段不合理； （2）养护措施不充分	完善混凝土施工和养护方案； 浇筑分级管控
某核电机组	1 号核岛屏蔽厂房 D 层混凝土质量缺陷	未严格按照施工方案要求振捣	施工人员配置要充分； 对混凝土工分级管理
某高温气冷堆示范工程	反应堆厂房楼板裂缝事件	冬季施工，楼板养护不满足要求	应改善楼板上下表面的保温条件

从建造期间混凝土质量缺陷典型案例原因分析看，振捣不到位、赶工期、施工方案不合理、冬期施工混凝土养护不到位、特殊工艺施工区域和极端天气等因素是引起混凝土浇筑质量缺陷的重要原因，其中混凝土浇筑期间振捣不到位引起的质量缺陷占比最大，达到 50%；浇筑后养护不满足标准要求引起的质量缺陷占比次之，达到 37.5%。核岛结构特殊区域浇筑、赶工期和施工方案不合理等因素也引起了一定的质量缺陷。

2. 核电项目工程建设管理复杂多样

核电建设标准高，施工工艺复杂，涉及的作业类型、设备种类多。核电项目管理中常见的模式有两种：一是以项目业主为主承担核电工程 AE（Architect Engineering Industries Inc.）功能的“大业主模式”；二是由专业的核电工程公司承担 AE 的功能的“小业主模式”。目前，国际上核电工程普遍采取小业主模式，如：美国 72.1% 的核电建设项目由 AE 公司协助业主建设；法国 EDF 为唯一业主，EDF 下属的基本建设部承担了核电项目的 AE 公司职能。

目前，国内核电在长期发展中形成了大业主模式、总承包业主负责制和总承包新模式，总承包模式属于小业主模式。从方家山核电建设开始，某核电“华龙一号”、宁德核电、阳江核电、台山核电、海阳和三门核电、某等均采用了总承包业主负责制模式。而 VVER 田湾 7、8 号机组和徐大堡 3、4 号机组采用总承包新模式。早期秦山一期、二期，大亚湾核电和岭澳一期采取业主自建模式，业主单位承担了 AE 公司的职能。小业主模式工程实施和管理的主体均是 AE 公司，虽然业主单位直接或是通过监理公司对项目进行工程管理，其参与程度和管理深度都不如大业主模式。

3. 核电厂建造期间核安全监管体系能力不断完善

近年来，我国核安全政策法规体系不断完善，核安全监管能力持续提升，建立了总部机关、地区监督站、技术支持单位“三位一体”的核安全监管组织体系。采取了一系列强化安全措施，全面加强机构队伍和能力建设，深入推进核安全文化建设，落实对违规操作行为和弄虚作假行为的两个“零容忍”。

同时，为了加强核电厂安全监管，国家核安全局强化地区核与辐射监督站职能，在各个核电站均现场派遣核安全监督检查组，监督员 24 小时驻厂监督，每天按照国家核安全局的监督程序巡检，依法处理各类建造质量问题。

5.2 原因统计分析及经验反馈

经验反馈：

1）核岛每次混凝土浇筑前，应详细分析施工风险，做好实施工准备和应急响应工作，严格落实技术交底制度，严格落实混凝土浇筑先决条件检查放行制度，实行打钩放行制度。

2）严格落实混凝土施工分级管控和监督制度，应根据结构部位、浇筑难易程度等进行混凝土浇筑分级管控。应严格落实混凝土浇筑挂牌制度，明确浇筑过程生产线、技术线、监督线人员信息，标明浇筑关键部位，建立混凝土振捣人员资格分级管理制度。

3）应强化全员核安全文化意识，杜绝赶工期现象发生。应加强监管力度，认真履行职责，严格落实各项核安全管理和施工管理要求，严格按照技术规范程序规定开展施工管理，加强过程控制。

4）完善现浇核岛重点区域及厚板大体积混凝土施工和养护方案。根据《大体积混凝土施工标准》（GB 50496—2018）要求完善核岛浇筑混凝土厚板施工方案，特别是极端天气施工应急预案和冬期混凝土楼板浇筑施工养护方案。

5）完善预应力灌浆作业程序。采取“三控”措施，对预应力灌浆的压力、灌浆量和灌浆时间进行严格控制。打压和灌浆过程中加强对钢衬里和重要部位混凝土的巡视。严格按照特殊工艺控制要求，从人、机、料、法、环等方面对安全壳筒体混凝土施工实施管理。

6）应做好重要工艺的过程控制。施工单位在重要工艺活动实施前，应加强对作业人员的质量安全意识、施工技术技能的培养，加强关键技术的交底工作并确保交底质量。营运单位和工程公司应加强对重要工艺过程控制的力度和频次。应对特殊工艺控制的有效性进行持续监控和定期检查。

5.3 土建大宗材料质量管理思考

1. 土建大宗材料的范围

核安全有关构筑物是核电厂安全运行的重要组成部分，为核电厂中的系统、设备、部件提供支撑和保护。工程阶段安全相关构筑物施工材料（大宗材料）质量控制是核电厂安全运行的重要保障，核电厂土建施工常用大宗材料，包括水泥、钢材、骨料（砂、石）、外加剂等。

2. 关于土建大宗材料的管理要求

1）住房和城乡建设部：

《混凝土结构工程施工质量验收规范》（GB 50204—2015）中 7.2.1 要

求："水泥进场时，应对其品种、代号、强度等级、包装或散装编号、出厂日期等进行检查，并应对水泥的强度、安定性和凝结时间进行检验，检验结果应符合现行国家《通用硅酸盐水泥》(GB 175)等相关规定。检查数量：按同一厂家、同一品种、同一代号、同一强度等级、同一批号且连续进场的水泥，袋装不超过 200 t 为一批，散装不超过 500 t 为一批，每批抽样数量不应少于一次。"

《混凝土结构工程施工质量验收规范》(GB 50204—2015) 中 7.2.4 要求："混凝土原材料中的粗骨料、细骨料质量应符合现行行业标准《普通混凝土用砂、石质量及检验方法标准》(JGJ 52) 的规定，再生混凝土骨料应符合现行国家标准《混凝土用再生粗骨料》(GB/T 25177) 和《混凝土和砂浆用再生细骨料》(GB/T 25176) 的规定。"

《混凝土结构工程施工质量验收规范》(GB 50204—2015) 中 5.2.1 要求："钢筋进场时，应按国家现行相关标准的规定抽取试件作屈服强度、抗拉强度、伸长率、弯曲性能和重量偏差检验，检验结果应符合相应标准的规定。检查数量：同一厂家、同一类型、同一钢筋来源的成形钢筋，不超过 30 t 为一批，每批中每种钢筋牌号、规格均应至少抽取 1 个钢筋试件，总数不应少于 3 个。"

《建筑与市政工程施工质量控制通用规范》(GB 55032—2022) 3.4.1 条"建设单位应委托具备相应资质的第三方检测机构进行工程质量检测，检测项目和数量应符合抽样检验要求。非建设单位委托的检测机构出具的检测报告不得作为工程质量验收依据。"

2) 国家核安全局：

①《关于加强核电工程建设质量管理的通知》(国能发核电〔2020〕68 号)

建立质量抽检复查制度。建设单位、总包单位、监理单位应建立程序，制订计划，明确质量抽检复查覆盖区域、比例等要求，对关键设备、零部件、大宗材料及特殊工艺过程，开展随机抽检复查。抽检复查必须独立开展或委托第三方检验机构进行。

②《关于进一步加强核电厂安全相关物项大宗材料质量管理的通知》（国核安函〔2021〕8号）。

一、在核电厂设计、建造过程中，对可能影响核安全相关构筑物、系统和部件执行其功能的大宗材料，营运单位应梳理确定清单，并会同相关单位按照有关规定建立和实施质量保证体系，开展有效的质量控制，保证质量记录的可追溯性。

二、在相关大宗材料的采购运输中，应妥善贮存、做好防护，防止大案材料污染或损坏。

三、相关大宗材料厂（场）内使用前，应开展适当的复验工作，必要时可选定第三方复验单位，未进行复验或复验不合格的大宗材料不得使用。

3. 采购、检验、控制过程中的特点、难点

①大宗材料采购和代理商供货为造假风险点。核电项目乙供物项主要为钢筋、钢板、型材、管材、紧固件、电缆等大宗材料，乙供物项多为代理商供货，相关方管控存在不足可能导致造假风险较高。近年来国内外核行业造假典型案例显示，采购数量多、分包层级多的物项是容易被仿冒的产品，紧固件、钢筋等大宗材料的造假案例较多。

②大宗材料检查复验管理程序不完善，进场验收管控不足。如个别总承包单位及监理单位在施工材料管理程序中缺少针对砂、石等混凝土骨料的相关检查复验要求；有的施工单位对原材料进场检验控制不严，对施工过程控制不到位，导致部分不满足要求的混凝土用砂进入现场使用。

③部分单位核安全文化不足，部分人员质量意识薄弱。大宗材料量大面广，个别人员违反标准规范和管理程序进行取样，违章操作、弄虚作假；部分人员缺少质疑的工作态度，核安全文化意识不高。人员的质量意识和业务能力不足，对管理体系问题反思不深刻，采取的针对性管理改进措施较少，管理提升作用有限。

4. 典型案例

1）某核电厂核岛用水泥取样检测不满足国标要求。

2023 年 2 月，国家核安全局组织开展了某核电厂 4 号机组核岛 FCD 前准备情况核安全检查，发现存放于某核电水泥中转库 1 号仓的水泥（见图 5-1），现场取样日期滞后于入库日期，不符合管理程序《混凝土原材料验收》的要求。地区监督站开展了进一步调查，发现在此次的水泥取样检测过程中，存在违反标准规范取样、样品不具备代表性等问题。

图 5-1　水泥中转库 1 号仓

2）某核电 4RX、4DA 厂房混凝土氯离子含量超标问题。

2018 年 3—12 月，某核电对 1~4 号机组安全壳第 13 段混凝土进行了性能检测，发现 4RX 厂房安全壳第 13 段混凝土氯离子含量为 0.393%~1.562%，超过标准限值（0.06%），再次复检，氯离子含量仍然超标。2020 年 4—6 月，某核电组织第三方对 4RX 厂房筒体及 4DA 厂房外墙所有批次的混凝土进行了全面检测，检测结果表明 4RX 厂房第 13 段及 4DA 厂房 −2.4~0.8 m 段、3.75~8.40 m 段存在氯离子含量超标现象。

①直接原因：因运输途中的偶发性因素影响导致部分闽江砂氯离子超标，4RC 13 段及 4DA 3. 75~8.4 m 墙体结构混凝土使用了部分氯离子超标

的闽江砂，导致混凝土结构氯离子超标，属于小概率偶然事件。

②根本原因：闽江砂运输过程管控不到位，防护措施不到位，针对不同天气和环境没有相应的预案，存在因运输途中的偶发性因素影响导致部分闽江砂氯离子超标的可能性。

2020 年 7 月，第三方评审结论为：当前状态下，4RX 安全壳、4DA 厂房混凝土氯离子超标尚未影响厂房结构安全。为了保证结构的长期耐久性，电厂需要采取表面防护和内部钢筋防锈相结合的“外防内治”处理措施（见图 5-2）。

3）某核电针对假冒物项用于二期工程实体的管控不足。

某核电项目乙供物项主要为钢筋、钢板、型材、管材、紧固件、电缆等大宗材料，乙供物项多为代理商供货，相关方管控存在不足可能导致造假风险较高。2023 年 12 月 22 日发现总包单位未制定乙供物项验收检查清单，监理单位未对乙供物项进场验收情况进行趋势分析等。假冒伪劣产品流入工程现场可能对现场施工质量造成影响。

①直接原因是防造假管理、管控手段不完善；深层次原因是相关单位对核电物项造假行为的认识不足，未严格落实国核安发〔2020〕68 号文要求。

②措施和行动：总包单位分类制定乙供物项验收检查清单，明确验收具体内容及要求，严防乙供物项造假行为，组织对承包商相关物项采购合同进行检查，确保安全与质量标准已作为招标文件强制性要求和条件，防止不合理低价中标；监理单位配置专人负责大宗材料管理，对乙供物项进场验收复验情况定期进行统计及趋势分析；营运单位按照相关要求做好乙供大宗材料的入场复验和第三方抽检。

5.4 加强土建施工质量监管的建议

建议以核电厂建造期间暴露的问题和薄弱环节为导向，基于信息技术创新核电厂监督技术支持模式，尽快完善核电厂现场建造监督程序及管理细则，依据《核安全法》强化监理作用落实各方责任，建立建造期间经验反馈和信息共享机制。

1. 基于信息技术创新核电厂监督技术支持模式

人工智能、大数据、云计算、物联网等新兴技术，正引导信息化发展进入一个新时代。实践证明，线上线下融合的监督检查模式是核安全监管机构在疫情防控期间针对核设施监督的一次有益尝试，取得了良好的监督效果。应继续积极探索视频监督、录像监督等模式，加强重点核设施利用互联网＋辅助核安全现场监督。同时，在建造监督检查活动中，采取一线上视频检查、视频验证、视频会商等方式开展远程技术审查、监督检查及安全检验，可以实现核安全监管和疫情防控两不误。

这次疫情对核安全监管系统的信息化建设是一个推动，应根据新形势、新要求，按照治理体系、治理能力现代化的要求，进一步加强核安全监管的信息化建设和智能化建设。以某核电厂现场监督检查为例，应在检查前进行严密的部署，做好文件材料、视频调试等各项准备工作。检查中，利用“互联网＋监督”方式统筹调度各种资源，妥善组织监督检查工作，分别在核电现场及局机关主会场和技术支持单位分会场同步进行检查工作。各远程连线专家认真查阅机组检查相关文件内容，提出检查问题，现场监督员针对问题项进一步通过现场访谈、实地检查等方式进行核查确认，主会场负责人进行检查总结。

2. 尽快完善核电厂现场建造监督程序及管理细则

根据我国核安全法规，核动力厂建造监督检查主要采用日常核安全检查、例行核安全检查和非例行核安全检查等方式。营运单位须向国家核安全监管部门上报的核电厂建造阶段的事件（此处的建造阶段是指核电厂从核岛基础混凝土开始浇筑之日起到首次装料开始之日止）。目前我国核动力厂建造监督体系是有力有效的，所有混凝土质量缺陷均发生在核安全检查监督控制点以外。

当前，核安全监督管理进入以《核安全法》为基本遵循的新时代，国家核安全局正在修订完善相关的标准细则，如《核电厂营运单位报告制度》及其相关实施细则《核电厂建造阶段事件报告准则》等。核安全监管应强化问题导向，组织对典型事件开展独立评价，强化共性问题研究和经验反馈，尽快出台《压水堆核动力厂建造监督检查大纲》等程序，编制《核安全重要构筑物混凝土浇筑管理办法》等管理细则，通过采用互联网＋监督模式实现现场建造过程监督全覆盖，建造质量全受控。

3. 依据《核安全法》强化监理作用落实各方责任

长期以来，由于核电建设的特殊性，核电建设的主体责任由总包单位承担，建设单位的管理弱化，监理单位几乎变成了总承包单位的质检部门，监理单位服务建设单位的能力受到了制约。建设单位应发挥运行经验和施工管理经验的优势，直接同监理单位接口，给监理单位充分的授权。由监理单位直接代表建设单位对设计、采购、建安、调试及厂家设备制造进行全程的监督。同时，监理单位应在练好自身内功的基础上，拓展服务主体，积极同国家核电安全管理部门接洽，稳妥地开展政府监管部门委托的检查工作。

应依据《核安全法》全面落实各方核安全责任。压实营运单位核安全主体责任，发挥设计院的技术监督把关作用。同时，大业主模式和总承包新模式均采用委托监理单位进行工程监理和监督，相较于传统总包模式，监理单位的职责和重要性更加突出，应完善法规，实行监理能力资格认证和许可证制度。业主单位、项目监理机构和承包商建设工程安全的叠加管理，有利于排查各方的履职情况，并为系统增加安全余量。

4. 建立建造期间经验反馈平台和信息共享机制

我国核电厂多种堆型、多种技术、多类标准并存，不同营运单位在建造期间采取各自的试验技术规格书和程序，尚未依托网络系统建立统一的建造期间信息报送平台。在实际工作中，虽然监管部门、设计单位和营运单位都在不同程度上开展了建造期间构筑物建造事件的经验反馈工作，如大体积混凝土浇筑方法、优化措施、养护要求和分级管控等，但没有建立资源共享机制。同时，国家核安全局技术支持单位和地区监督站信息共享也在一定程度上的存在欠缺。

鉴于目前各个核电企业土建施工技术标准及数据管理资源相对独立的现状。建议一方面由国家相关部门发起并主导，核电厂及相关院所积极参与，考虑搭建和运维国内跨集团、跨领域的核电厂建造经验反馈数据库，建立统一的建造经验反馈信息化平台；另一方面，积极消化吸收国外核电构筑物建造及老化管理的相关信息，注重外部经验反馈的整理和发布，解决经验及认识不足的问题，共同提高我国核电厂构筑物全寿期管理水平。

6 附件 部分核安全监管文件

1.《核动力厂营运单位报告》

2.《关于加强核电厂土建施工阶段混凝土浇筑质量管理的通知》

3.《关于近期核电厂建造阶段典型事件经验反馈的通报》

2020 年 12 月，关于发布《核动力厂营运单位核安全报告指南》的公告

核动力厂营运单位核安全报告指南

为贯彻落实《中华人民共和国核安全法》《中华人民共和国民用核设施安全监督管理条例》等法律法规，指导和规范核动力厂营运单位执行《核动力厂营运单位核安全报告规定》(以下简称《报告规定》)，制定本指南。

一、适用范围

本指南为《报告规定》第二条中所述各类报告的编写和上报提供指导。指南中以核电机组为例阐述《报告规定》的要求，其他类型核动力机组(如核热电机组、核供汽供热机组)可参照执行。

二、总体概述

本指南第三部分对《报告规定》第二条中所述各类报告的格式和内容进行了细化，第四部分对《报告规定》第十七条建造事件报告准则进行了详细解释，第五部分对《报告规定》第二十二条运行事件报告准则进行了详细解释。

三、报告格式与内容

《报告规定》要求核动力厂营运单位向国家核安全局或者核动力厂所在地区核与辐射安全监督站提交定期报告、重要活动报告、建造阶段事件报告、运行阶段事件报告和核事故应急报告。

新版建造阶段事件报告准则：

根据《核动力厂营运单位核安全报告规定》和《核动力厂营运单位核

安全报告指南》的规定，核电厂营运单位应当向国家核安全局报告下述建造事件：

（1）核电机组安全重要构筑物、系统和设备以及与其有关的采购、土建、安装和调试等活动，与相关法律、行政法规、部门规章和国家强制性标准不一致的。例如：

（a）从事核级设备焊接、无损检验的人员未取得相应资质；

（b）在取得建造许可证前，开始了抗震I类构筑物基础混凝土浇注；

（c）采购的核安全级物项来自于不具有该核级物项设计和制造资质的单位，且未经国家核安全局认可等。

（2）核电机组安全重要构筑物、系统和设备以及与其有关的土建、安装和调试等活动，与核动力厂建造许可文件中认可的初步安全分析报告不一致，导致核电机组安全重要构筑物、系统和设备的安全功能不能满足或者不能确定满足要求的。例如：

（a）已经安装就位的设备不满足初步安全分析报告中的承诺；

（b）系统或设备部件的实体隔离屏障不满足初步安全分析报告中重要系统实体隔离的承诺；

（c）承载核级管道的支撑件设计标准与初步安全分析报告不一致，导致支撑件不能承载实际荷载；

（d）核安全相关构筑物基底标高与初步安全分析报告中的承诺不一致等。

（3）核电机组安全重要构筑物、系统和设备及其相关活动，违反核动力厂建造许可文件规定的条件，或者未按照建造许可文件规定的条件完成相关论证、验证工作即开展相关活动的。例如：

（a）建造许可证条件要求完成某系统管线上隔离阀设置的改进和分析工作，但实际安装阶段未进行改进和分析；

（b）建造许可证条件要求在开始特定焊接工作前，向国家核安全局提交焊接工艺评定报告，但实际未提交焊接工艺评定报告就开始了产品焊接；

（c）建造许可证条件要求在完成某厂房的设计并得到国家核安全局同意后方可开展相关施工活动，但在实际施工中未遵照相关要求等。

（4）核电机组安全重要构筑物、系统和设备以及与其有关的土建、安装和调试等活动，与核动力厂营运单位在建造许可文件中承诺遵守的规范、标准或者技术条件要求不一致，导致核电机组安全重要构筑物、系统和设备的安全功能不能满足或者不能确定满足要求的。

①采用原工艺进行更换或者维修后，不能完全恢复或者确认安全重要构筑物、系统和设备规定的安全功能。例如：采用打磨方式去除压力容器接管焊缝中的超标缺陷，需要通过力学分析评价以确认缺陷去除区域的结构完整性。

②采用新工艺进行更换或者维修安全重要构筑物、系统和设备。例如：采用与设备制造阶段不同的焊接工艺对设备焊缝进行现场焊接返修。

③无法采用更换、维修等处理手段，采用分析评价和论证后原样接受的方式处理。例如：

（a）反应堆压力容器役前检查发现接管与安全端焊缝存在超标夹渣显示，通过断裂力学分析评价后原样接受；

（b）现场安装时发现管道局部壁厚不满足设计要求，重新进行力学分析评价后原样接受；

（c）安全壳混凝土强度试验结果不满足验收标准，经分析评价后原样接受，或者安全重要构筑物混凝土浇注出现严重的质量问题等。

④调试试验的最终结果不满足调试大纲中与安全有关的验收准则。例如：稳压器安全阀功能试验时，安全阀的开启压力不满足安全准则等。

（5）核电机组安全重要构筑物、系统和设备发生共因事件或者故障的。包括：

①批量生产的核级设备（如螺栓、核级管道、阀门等）因材料、工艺或者过程控制不当引起性能不满足要求，判断采用相同的材料、工艺或者

过程控制的同类产品质量不能确定。例如：

（a）设备支承锚固螺栓由于制造过程中局部过热引起组织异常，从而导致开裂，因此采用相同工艺的同类其他锚固螺栓质量不能确定；

（b）某安全级阀门由于焊接工艺不成熟导致堆焊密封面出现裂纹，从而导致采用相同焊接工艺焊接的阀门质量不能确定等。

②安全重要构筑物、系统和设备因设计缺陷导致其质量不确定或者安全功能受损，判断采用相同或者相似设计的物项也存在质量不确定或者失效的风险。例如：

（a）上充泵由于设计原因而导致泵轴发生断裂，因此推断其他机组采用相同设计参数的上充泵质量不能确定；

（b）安全重要厂房墙体无法满足排风要求，推断采用相似设计的其他安全重要厂房墙体的排风口也存在类似问题等。

③土建、安装、调试后物项状态与技术规格书、图纸等技术条件的要求不一致，判断同类型机组也可能发生类似问题。例如：

（a）主泵垂直支承出厂装配与设计图纸不一致，判断同类型机组也存在类似问题；

（b）蒸汽发生器传热管弯管部位防振条偏移，判断同类型机组的蒸汽发生器防振条也存在偏移问题；

（c）混凝土安全壳部分应变监测仪表安装错误，导致试验过程中部分测点读数异常，判断同类型机组也存在类似问题等。

（6）构成核动力厂安全屏障的重要设备或者构筑物受到严重损伤，导致其安全功能不能满足或者不能确定满足要求的。例如：

（a）压力容器、主泵泵壳等设备在现场运输、吊装过程中意外跌落，造成设备损伤；

（b）螺栓等部件脱落导致反应堆冷却剂系统压力边界等严重损伤；

（c）由于混凝土浇注缺陷，导致预应力孔道密封性试验或者灌浆过程中安全壳钢衬里鼓包等。

（7）核电机组安全重要构筑物、系统和设备的土建、安装和调试等活动中发生原设计未预计的情况，导致安全功能可能受到不利影响的。例如：

（a）执行安注系统增压试验时，水从墙体缺口进入相邻机组，导致相邻机组重要厂房的管道、阀门、电缆等物项被水浸泡；

（b）调试过程中，安全壳喷淋泵误喷，导致安全壳内安全相关设备浸水；

（c）重要厂房施工现场排水不利，造成地下结构上浮，无法恢复原状等。

（8）在核电机组安全重要构筑物、系统和设备的采购、土建、安装和调试等活动中发现故意破坏、造假和欺骗情形的。例如：

（a）故意破坏导致安全重要物项的安全功能受到不利影响；

（b）编造、篡改试验、检查等结果数据；

（c）谎报人员资质等。

（9）国家核安全局认为应当报告的其他事件。

核动力厂营运单位认为应当报告的其他事件。

国家核安全局文件

国核安发〔2020〕122号

关于加强核电厂土建施工阶段混凝土浇筑质量管理的通知

各有关单位：

近年来，部分核电项目在土建施工阶段混凝土浇筑过程中，出现楼板裂缝、混凝土表面麻面、蜂窝、孔洞和露筋等质量缺陷，暴露出营运单位在混凝土浇筑施工的程序审查、过程控制，以及混凝土养护、经验反馈落实情况等方面存在薄弱环节，质量缺陷典型事件详见附件2。为加强核电厂建造阶段的质量控制，提升混凝土浇筑质量，避免核电厂建造质量问题对核电厂运行造成潜在影响，现提出如下监管要求：

— 1 —

一、营运单位应加强对混凝土浇筑施工程序文件的审查，提前识别风险点，在施工程序中明确影响浇筑质量的重要因素、关键技术要点和应对措施。

二、营运单位应加强对混凝土浇筑等施工活动的现场监督管理，提高工作人员的技能和责任心，发现问题应及时采取应对措施。

三、营运单位应加强对混凝土养护期间的质量控制，充分考虑温度、湿度和风速等环境因素对混凝土养护的影响，制定合理可行的养护措施。

四、营运单位应加强经验反馈，充分吸取其他核电项目土建设计、施工的良好经验和实践，避免同类问题重复发生。

五、营运单位应关注新冠疫情对施工活动的影响，优化人员安排，强化现场监督管理，确保施工质量满足设计要求。

附件：1. 主送单位名单

2. 近期核电厂混凝土浇筑质量缺陷典型事件

国家核安全局

2020 年 5 月 29 日

（此件依申请公开）

— 2 —

国家核安全局

国核安函〔2019〕7号

关于近期核电厂建造阶段典型事件经验反馈的通报

江苏核电有限公司、三门核电有限公司、山东核电有限公司、广西防城港核电有限公司、台山核电有限公司、福建福清核电有限公司、华能山东石岛湾核电有限公司：

为促进建造核电厂经验反馈，进一步提高核电厂建造质量，我局将近期发生的核电厂建造阶段典型事件的情况（详见附件）印发给你单位，请予以重视，并认真做好经验反馈工作。

一、营运单位应切实履行并承担全面核安全责任。

二、营运单位应确保质量保证大纲和工作程序有效履行，及时查找和纠正管理体系和制度上的漏洞。

三、营运单位应做好经验反馈工作，深入开展典型事件和共性问题的原因分析，采取针对性的纠正措施，避免同类事件重复发生。

四、营运单位应加强核电厂建造施工期间的土建、制造、安装和调试的工艺过程控制，严格控制移交管理，妥善处理各环节中可能影响核安全的问题。

附件：关于近期核电厂建造阶段典型事件的经验反馈

国家核安全局

2019 年 1 月 22 日

— 2 —